水利工程与混凝土施工

刘伟东　孙永亮　龚丽飞　主编

吉林科学技术出版社

图书在版编目（CIP）数据

水利工程与混凝土施工 / 刘伟东，孙永亮，龚丽飞主编 . -- 长春：吉林科学技术出版社，2020.9
ISBN 978-7-5578-7534-3

Ⅰ . ①水… Ⅱ . ①刘… ②孙… ③龚… Ⅲ . ①水利工程－混凝土施工 Ⅳ . ① TV544

中国版本图书馆 CIP 数据核字（2020）第 180501 号

水利工程与混凝土施工

主　　编	刘伟东　孙永亮　龚丽飞
出 版 人	宛　霞
责任编辑	隋云平
封面设计	李　宝
制　　版	宝莲洪图
幅面尺寸	185mm×260mm
开　　本	16
字　　数	210 千字
印　　张	9.75
版　　次	2020 年 9 月第 1 版
印　　次	2020 年 9 月第 1 次印刷
出　　版	吉林科学技术出版社
发　　行	吉林科学技术出版社
地　　址	长春净月高新区福祉大路 5788 号出版大厦 A 座
邮　　编	130118
发行部电话 / 传真	0431—81629529　　81629530　　81629531
	81629532　　81629533　　81629534
储运部电话	0431—86059116
编辑部电话	0431—81629520
印　　刷	北京宝莲鸿图科技有限公司
书　　号	ISBN 978-7-5578-7534-3
定　　价	50.00 元

版权所有　翻印必究　举报电话：0431—81629508

前　言

在社会发展的新形态下，各行各业也得到了很好的发展。人们对于水利工程的混凝土施工技术也越发关注和重视，混凝土施工技术水平直接影响水利工程的整体质量。所以，对混凝土使用的材料必须进行严格检查和监督，对于施工过程中存在的问题应该进行及时的处理，以此提高水利工程混凝土的使用时间，使工程费用可以有效地进行控制，为促进水利工程的发展和完善提供稳定的前提。

在经济环境不断地变化下，现在的建筑市场虽然拥有了更加广阔的发展空间，但是也面临着更大的挑战。企业如果想要在激烈的市场环境中获得绝佳的位置，就需要运用科学技术对企业进行创新，使企业的施工技术可以达到最好的标准，以满足现实的发展需要，施工水平必须与同行业水平持平，或者高于同行业水平。在水利工程施工过程中，必须运用合理的施工技术，对工程进行针对性的建设。在水利工程中，混凝土施工技术是施工的重要技术，混凝土施工的规范性直接影响着水利工程质量的提升，同时也会对水利工程的价格产生重要的影响。而混凝土工程施工中，应该对混凝土施工技术的要点进行正确的把握，采用先进的施工工艺进行规范性的施工，才能保证施工质量。

从总体方面来说，科学应用混凝土施工技术是提高水利工程质量的关键。在浇筑时，必须在最底层进行铺垫，以提高整体结构的稳定性，同时还能防止地基出现下沉等变化，在进行浇筑时，应该采用合理的方式进行浇筑，注意底部的面积，如果水闸底板的范围比较大，就应该发挥混凝土的使用性能，增强混凝土的强度，对地基的坚固性进行保障。

在社会环境的不断变化下，水利工程项目不断增加，对于水利工程建设的要求也更加严格，而混凝土施工技术在水利工程建设中具有至关重要的作用。不仅可以保证水利工程的整体质量，同时还可以从根本发挥混凝土施工技术的优势，延长水利工程的使用时间，为了使混凝土施工技术可以发挥真正的作用和价值，在具体施工过程中，必须对混凝土施工技术进行正确的把握，才能发挥混凝土施工技术的优势，确保水利工程施工可以有条不紊地进行。

目 录

第一章 水利工程 ··· 001
第一节 水利工程生态环境效应 ··· 001
第二节 水利工程加固改造技术 ··· 003
第三节 水利工程施工质量检验与评定 ··· 005
第四节 水利工程质量监督工作 ··· 009
第五节 水利工程项目综合效益评价 ··· 011
第六节 水利工程与地质勘查 ·· 013

第二章 水利工程规划 ··· 015
第一节 水利工程规划设计的基本原则 ··· 015
第二节 水利工程规划与可行性分析 ··· 018
第三节 基于生态理念视角下水利工程的规划设计 ··························· 019
第四节 水利工程规划设计阶段工程测绘要点 ································· 023
第五节 水利工程规划方案多目标决策方法 ···································· 025
第六节 水利工程规划中的抗旱防涝设计 ······································· 028
第七节 水利水电工程生产安置规划 ··· 030
第八节 农田水利工程规划设计的常见问题及处置措施 ····················· 033

第三章 水利工程设计中存在的问题 ··· 036
第一节 水利工程设计中存在的问题 ··· 036
第二节 水利工程设计的重要性 ··· 038
第三节 水利工程设计创新发展前景 ··· 040
第四节 水利工程设计融入生态意识 ··· 043
第五节 水利工程设计方案需注意的问题 ······································· 045
第六节 水利工程设计在施工过程中的影响与控制 ··························· 047

第四章　水利工程设计优化 … 051

- 第一节　水利工程施工组织设计优化 … 051
- 第二节　生态水利工程设计中的问题及优化 … 053
- 第三节　水利工程中混凝土结构的优化设计 … 055
- 第四节　水利工程项目中倒虹溢流渠的设计优化 … 058
- 第五节　水利堤防工程软土地基处理环节的优化 … 061
- 第六节　水利工程涵洞的优化设计 … 063
- 第七节　水利水电工程施工多元协同优化 … 066

第五章　水利工程施工技术创新研究 … 069

- 第一节　节水灌溉水利工程施工技术 … 069
- 第二节　水利工程施工灌浆技术 … 071
- 第三节　水利工程施工的防渗技术 … 073
- 第四节　水利工程施工中混凝土裂缝控制技术 … 075
- 第五节　水利工程施工中模板工程技术 … 078
- 第六节　水利工程施工爆破技术 … 080
- 第七节　水利工程施工中堤坝防渗加固技术 … 083
- 第八节　水利工程施工的软土地基处理技术 … 085
- 第九节　水利工程施工中土方填筑施工技术 … 088

第六章　水利工程建设项目管理 … 091

- 第一节　水利工程建设项目管理初探 … 091
- 第二节　水利工程建设项目管理方法 … 094
- 第三节　水利工程建设项目管理系统的设计与开发 … 096

第七章　混凝土施工的理论研究 … 100

- 第一节　水利工程混凝土施工存在的问题 … 100
- 第二节　水利工程混凝土施工质量通病 … 102
- 第三节　水利渠道混凝土防渗施工 … 104
- 第四节　水利施工中混凝土施工技术要点 … 107
- 第五节　水利工程混凝土施工的质量控制 … 109

第八章　混凝土施工的创新研究 ……………………………………………… 114
第一节　水利工程混凝土施工安全技术 ……………………………………… 114
第二节　水利工程混凝土施工防渗处理技术 ………………………………… 116
第三节　水利工程混凝土施工与浇筑养护 …………………………………… 119
第四节　水利工程混凝土施工及其裂缝控制 ………………………………… 121
第五节　水利工程混凝土施工模块的具体分析 ……………………………… 123

第九章　混凝土施工的实践应用研究 …………………………………………… 126
第一节　浅谈水下混凝土施工的应用 ………………………………………… 126
第二节　水利水电工程管理中混凝土施工的应用 …………………………… 128
第三节　建筑工程施工技术中混凝土施工应用 ……………………………… 130
第四节　混凝土施工措施分析与应用 ………………………………………… 132
第五节　土木工程混凝土施工技术应用 ……………………………………… 135
第六节　公路桥梁施工中高性能混凝土的应用 ……………………………… 137
第七节　土木工程中混凝土施工技术的应用 ………………………………… 139
第八节　道桥施工中钢纤维混凝土的应用 …………………………………… 141
第九节　自密实混凝土施工技术应用与管理 ………………………………… 143

参考文献 ………………………………………………………………………… 146

第一章 水利工程

第一节 水利工程生态环境效应

水利工程在我国乃至全世界已被广泛的运用,主要在于它是可再生的能源,而且对环境没有污染。其中,评价生态环境效应之前最重要的是要对水利工程生态环境效应给予明确。本节首先介绍了水利工程生态环境效应的内涵及发展趋势,然后又从水利工程生态环境效应较为重要的评价体系方面进行了分析研究,介绍了评价的三种模式,对其基本设计原则也做了简要的分析,最后对水利工程生态环境效应的发展做了简要的阐述,希望能为日后水利工程的发展提供有用的参考。

水利工程的发展无论是在提高人们的经济生活水平方面还是促进国家整体国力的发展方面都起着推动的作用。现在的生活环境中,作为可再生、无污染的主要能源来讲,水利工程的发展在社会以及人们的生活中有着不可替代的作用。水利工程的主要力量来源于大自然,针对其他能源来讲,它的污染比较小,对生态环境的保护率更高,所以水利工程的建设每个国家都加强了重视,并且投入很多建设资金。关于水利工程生态环境效应中,对其评价是水利工程中的重要环节,而且此环节对于水利工程发展中出现的问题提出相应的解决方案,还会采取预防措施针对发展中没有发生的问题,既对水利工程的发展起着整体监督的作用,同时也有一定的协调其发展的作用,进而确保水利工程的稳步健康发展。

一、水利工程生态环境效应的内涵及其发展现状

水利工程生态环境效应的内涵。水利工程的生态环境效应通常来讲就是水利工程在建设过程中在一定程度上影响了生态环境系统中的每一个分支,对生态环境系统内每一个要素造成了一定的干扰,而形成了正负两级不同的反应。虽然水利工程的建设带给我们更加便利的生产和生活的条件,还加快了经济的发展等,不过水利工程在发展过程中会对其局部的发展造成一定的影响。例如,一些地区水文情况会有所变动、会破坏一些河岸的生态系统、有些地区还会有断流、沉积的现象等,这些都会影响到人类的发展以及所有生物的生存。因此,水利工程的建设中,要在经济以及社会效益进行考虑的同时,也要把对环境所产生的影响考虑到其中,还要重视发展与生态环境的协调关系,进而有效地促进水利工程的高效发展。

水利工程生态环境效应的研究现状。水利工程生态环境效应在国外的发达国家中,主

要研究水利工程会对所在地区的水文情况以及周围生态环境造成多大的影响，然后根据研究得出的数据以及收集的资料制定出解决方案或是预防措施。关于研究水利工程的生态环境效应中比较早的就是这些发达国家，他们研究的历史比较长，有一定的经验。我国对其研究的时间没有国外早，而且在水利工程的建设及发展中还有很多不足的地方。

我国在水利工程的生态环境效应理论方面的研究成果比较丰富，研究出应用在水利工程评价中的方法也是多样性的。不过能够真正在实际水利工程运用上的还很少，所以这个问题一直都是水利工程中急需解决的。所以，还需要将更多的精力投入到研究中，依据目前所具备的条件，利用先进的科学手段研发出可行性的方法，并且在实践的运用中能得到很好的成效。

二、有关分析水利工程生态环境效益的评价体系

我国的经济在近些年来正在不断地发展，同时水利工程的数量也随着经济的发展不断地增加，其建设的规模也越来越大，而且关于生态环境效益的评价体系在相关单位的各部门也在不断地完善。我国现阶段的水利工程中，关于生态效益的评价体系主要有以下三种评价模式：

主要是从水利生态环境的质量方面对其效益进行有效的评价，建立起与质量有关的评价体系。通过水利工程给生态环境带来的压力，生态环境所展现的状态、响应为评价依据，而建立的有关评价体系。主要是以生态环境的足迹法中的内容为基础，建立相关联的评价体系。

通过这三种水利工程生态效益评价模式的制定，不仅对生态环境的保持非常有利，对经济效益的提高也很有利，同时对我国社会经济全面发展的提高起着重要的作用。

三、对水利工程生态环境效益的基本设计原则分析

研究水利工程最先就是要充分准备好水利工程设计等前期的工作，其中要遵守水利工程相关的设计原则进行工作，这样才能达到预期的设计效果，从而使水利工程整体质量得到保障。水利工程设计工作进行的过程中，需要遵循的原则有以下几方面：

水利工程建设施工中安全性的原则。在该工程施工建设过程中，一定要满足防洪、发电、航运等方面的要求。为了生态环境系统能够更加稳步地协调发展，也为了在较低风险的环境下创造出更高的经济效益，必须要根据水利工程设计规范的要求进行设计工作。

生态系统的组织原则。生态系统在自然界中既可以通过人类进行保护，它还具备自我恢复的能力，因此，要想研究出科学合理的设计方法，一定要考虑到人和自然的和谐共处的关系。

生态系统的整体系原则。在庞大的自然界中，生态系统作为其中的一员，有着巨大的整体，为了能够让生态系统有效的持续发展，一定要妥善掌握生态系统中每一个要素之间的关系，要确保水利工程与生态环境能够更好地协调并且共同的发展。

四、水利工程生态环境效应的发展

在每个国家中的水利工程都将其所拥有的强大作用充分的发挥在其中，其中发达国家的水利工程生态环境效应的评价体系，已经历了一个较为漫长的发展历程，而这方面在我国起步发展要晚于发达国家。在我国最近几年经济突飞猛进的发展中，我国对于水利工程生态效应评价所具有的重要性逐渐增强了意识。由于水利工程评价系统在我国发展得比较晚，而且评价系统所采用的模式还一直处在基础阶段。所以，我国还需要投入更多的精力以及财力对水利工程生态环境效应评价进行细致化的研究。

关于生态环境效应评价以后的发展，关于评价指标体系一定要对其科学完整性进行完善，还要结合最直接、最现实的方面作为评价指标的选择方向。关于评价标准要融入水文情况及所有生物的生存情况、水利工程以及人类的生存环境等因素，还要对更深层次的因素进行挖掘，从而使评价指标体系更加完整。要探索新的评价方法，将更多的分析以及评价的方法在水利工程生态环境效应评价这一环节进行综合运用，不仅对我国水利工程的发展有着进一步的保障，而且更加科学的改善我国的生态环境，促进水利工程与生态环境的协调发展。

综合上文所述，水利工程的建设紧密的联系着生态环境的发展，生态环境中的每一方面都会在水利工程建设过程中受到不同程度的影响。因此，将对生态环境效应的测评工作有效的应用在水利工程建设中，对于生态环境中所产生的不利影响，可起到有效的协调和改善的作用。通过测评的结果，相关部门可以制定出相应的措施，有效的处理及预防水利工程建设中发生或可能遇到的问题，这样可以有效地降低水利工程建设过程中的风险，确保其稳定健康的发展。所以，有必要加强水利工程生态环境效应评价的研究工作，从而促进水利工程评价体系的进一步完善，使水利工程与生态环境的发展更加协调。

第二节　水利工程加固改造技术

水利工程与我国经济发展密切相关，其构成部分包括水库工程、水闸工程和堤防工程等。目前很多水利工程投入使用年限较长，其工程中金属结构与机电设备老化问题显著，同时很多水利工程原设计标准不高，致使出现了很多安全隐患，需进行加固改造。本节将简述水利工程除险加固的重要性，并以某海涂水库工程为例提出了其加固改造的建议。

改革开放为我国水利工程建设项目带来了巨大挑战，为满足社会需求，需对水利工程进行除险加固改造。通过工程项目的实施，除了能够为国民经济的发展创造有利条件以外，也关系着整个社会的和谐与稳定，需要我们高度重视。对此要从水利工程建设项目实际情况出发，有针对性的采取加固措施，提升水利工程质量，使其使用寿命得以延长，及时消除安全隐患。

一、水利工程除险加固的重要性

在水利工程除险加固过程中，能够创造显著的社会效益，这是因为其能够极大推动地区经济发展，提升社会动能资源，为区域经济快速发展打牢基础，实现农业的增产增收。在水利工程投入使用后，具备灌溉、排水与节能等作用，能够将当地农民发展生产的热情充分激发出来，为人们出行提供了便利，并在灌溉、排水、生态以及交通综合治理上发挥着重要作用。水利工程建设也是一项利国利民的事业，能够为当地群众提供更好的服务。

二、某海涂水库工程加固改造分析

某海涂水库工程简介。某水库位于定海区沥港镇西北礁安海涂平地上，水库集雨面积1.87km，大坝设计坝高5.5m，坝顶高程5.74m，坝顶长880m，设计兴利库容104万m^3，库水位3.74m，设计洪水位4.74m。在大坝续建加高的过程中，经常遇到渗漏的现象，进行防渗加固的时候，采取了套井回填、劈裂灌浆、人工开挖回填等手段。近几年，大坝渗漏问题仍然存在，坝顶与上游坝坡频繁发生塌坑问题，下游坝脚镇压层外口存在很多渗水点，在全面踏勘检查以后，全坝段渗水点共45处。

加固改造技术：

大坝上游护坡及镇压层加固改造。受到坝体沉降影响，原干砌块石护坡部分地方高低不一致，出现了一定程度的破坏。设计中全坝段高程超过2.64m的情况，需要在护坡上做出干砌，并设置一层无纺土工布，在坝坡保持稳定后发现，迎水坡安全系数过小，无法达到相关规定要求，必须在原镇压层上加固，具体方法如下：对原护坡石和石渣层进行彻底清理，并借助黏土在坝坡塌坑与渗水通道上进行夯实回填。将一层无纺土布铺在坝坡上，再铺一层石屑后通过石渣进行回填，必须做到填实填平，让原2级坡变成1级坡，坡度为1:2.5。护坡石通过质坚块石做出理砌，护坡厚度必须超过30cm。从原镇压层出发，通过块石进行加厚与拼宽，加厚尺寸至少为0.4m，拼宽宽度至少为2.25m。

大坝下游护坡及镇压层加固改造。原坝顶净宽为4.65m，设计宽度为6.67m，这需要原下游坝脚镇压层进行拼宽，让镇压层净宽度达到11.7m，原2级坡变成1级坡，坡度为1:2.5。在改坡与拼宽过程中，需要使用塘渣与块石填筑，面层使用干砌块石进行护坡，厚度至少为50m，并做到牢固与平整。完成加固处理后进行坝坡稳定分析，能够达到规定要求。

大坝防渗加固改造。从本工程大坝坝体与基础土质出发，因为坝高相对不高，处理上比较浅，同时蓄水条件下方可施工；在比较与分析混凝土防渗墙、高压喷射注浆、垂直铺塑防渗、冲抓套井回填和劈裂灌浆等方案后，本工程主要采取深层水泥搅拌桩防渗墙方案。

结合地勘孔与外观检查发现，全坝段均有渗漏问题出现，由于渗漏坝段在判定时不够准确，所以在搅拌桩处理时在全坝段都要进行，此时两坝头选择帷幕灌浆的方法。在处理深度上要由坝顶深入到基础3.0m，因为岸坡段地形有一定变化，在桩底高程无法深入至5.6m时，且桩体无法和坝头进行连接，桩体与其连接的地方必须钻孔灌浆，这样才能让桩和坝基、两岸山体连接起来，避免出现接触渗漏的情况。

工程中需要建设大坝截渗帷幕，选择水泥搅拌桩的方式，位置与作用都比较特殊，和其他桩基工程不一样，要在幕体上做出抗渗性验算。结合水泥帷幕灌浆与塑性混凝土防渗墙数据，水泥帷幕灌浆允许比降约为 5，塑性混凝土防渗墙允许比降则超过 200。要想提升防渗效果，允许比降要控制为 20。设计墙幕水头 H=5.03m，下游水位高程 0.24m，墙幕设计搭接厚度 0.48m。

对大坝进行防渗加固后，防渗墙体在现场钻孔压水试验，透水率不超过 1Lu，钻孔取芯室内渗透试验，渗透系数 $k=1.18 \times 10^{-7} cm/s$，能够达到设计和有关规范的要求。水库施工结束后遇到了多次台风袭击，强降雨后也让库水位大幅度提高，甚至达到了最大的蓄水位，大坝外观变化则不大，坝体也没有发生渗漏的情况。因此大坝能够抵御台风与洪水的作用，避免群众生命财产受到威胁，也有效地缓解了城市供水紧张的问题。

对水利工程加固改造来说，是一项特殊而又复杂的工程。在进行加固改造的过程中，必须深入分析水利工程安全隐患，加大对隐患的研究力度，有针对性的采取解决措施，保证水利工程建设质量得到提升。

第三节　水利工程施工质量检验与评定

我国拥有非常丰富多样的水文地理条件，在水利工程建设方面有着得天独厚的优势。但是，水利工程项目的施工建设关系重大，投入高、工程量大、应用时间长，在施工质量上必须精益求精。本节针对水利工程的施工质量检验与评定工作进行了分析，找到了以往水利工程施工质量检验工作的短板和不足，并根据实际需要提出了优化改进意见，对保证水利工程的施工质量提供了有价值的参考。

自从新中国成立以来，我国在水利工程建设方面一直在不断加大投入。葛洲坝、刘家峡、三峡等各种水利枢纽工程更是在全世界引发瞩目，也为国家发展、经济振兴、社会进步做出了巨大的贡献。兴修水利、利国利民，这是千百年来历朝历代公认的好事。不过随着水利工程建设规划的日渐升级，以及建设施工标准的逐步提高，使得现代水利工程建设单位所面临的压力和挑战越来越大。同样的，相关单位在进行水利工程施工质量的检验和评定方面也迫切需要进行提升。

一、水利工程施工质量检验与评定的重要意义

（一）保证项目工程安全运行，避免出现生产事故

进行水利工程施工质量的检验与评定，首要任务就是要避免发生安全事故，保证水利工程项目能够顺利运行。水利工程项目往往会建设在大江大河、深山峡谷之中，车辆的通行、设备的运转、工人的现场作业都多有不便。譬如三峡大坝的建设，其地形条件、水文条件都非常复杂，这就给项目施工建设造成了极大的干扰。在这样复杂恶劣的施工环境下，

出现安全隐患的概率是很大的。

在国内某水利工程建设过程中，就曾经因为运输车辆必经路段遭遇泥石流的阻断造成建筑材料无法及时送达现场，施工人员为了不影响工期而就地取材制作木方投入生产。后来经过检测，这部分现场制作的木方无论是木料的致密度，还是在进行防虫防腐处理方面都做得不到位，存在不小的安全隐患。因此，在工程检验单位的监督之下，对这部分采用次品木方施工的工程进行了返工重建。

（二）严肃水利工程建设管理，避免粗制滥造、偷工减料

水利工程往往是大型工程项目，施工量大、施工期长、工人多、各类车辆设备和施工材料的种类也很多。因此，在工程项目的管理方面很容易出现漏洞、遇到问题。比如，有些施工人员在复杂的施工环境下从事高强度体力劳动、休息没有保障、体力下滑严重、注意力不能高度集中。因此在施工过程中难免出现状态波动，或者对某些施工技术和标准无法完整执行到位，这就会对工程质量造成影响。进行妥善有效的施工质量检验与评定工作，可以对各种因素造成的施工质量问题、施工安全风险进行有效的验收筛查，从而避免工程因粗制滥造或者偷工减料等因素而出现风险、留下隐患。

（三）精准评估水利工程项目的负载上限，满足生产需要

在水利工程的设计阶段，会根据实际需要对工程项目的负载上限进行评估和设定，从而在水利工程的日常生产调度方面保留余量，平衡好项目运转、水库水位与风险防控之间的关系。但如果项目施工过程中出现问题，就极有可能降低项目的实际负载上限。而一旦工程在实际投入使用后超出了这个上限，就极有可能造成巨大的安全事故。对工程项目进行质量检验和评定，能够对工程项目的实际负载能力进行一个更加客观和精准的评估，这也将成为水利工程项目在实际运行中进行安全生产调度的重要参考指标。

二、目前水利工程施工质量检验和评定工作存在的问题

在评定标准、检验指标方面存在不确定性。水利工程往往在较为复杂的地形条件、水文条件下施工，且工程体量庞大，各方面的结构、布局复杂，在检验标准、评定指标方面也常常会遇到很多不确定性。这和目前我国在水利工程检验与评定方面的规章制度建设不够完善，标准不够统一有直接关系，也和相关工作人员在专业水平、经验阅历等方面的差距大有直接关系。在这种情况下，施工质量的检验和评定人员在执行具体的检验任务方面往往会遇到障碍，出现评价指标和评价目标匹配不精准，评价目标的认定范畴相互混淆、产生错位等情况。这种评定指标上的不确定性，不仅给检验评定工作造成困扰，也很容易引发工程纠纷，造成施工方、设计方、材料供应方等多方面互相扯皮、推诿，对工程项目的正常进行、如期投入使用都有不良影响。

执行施工质量检验和评定的人员水平不一。进行施工质量的检验和评定，既要遵从既定的标准和规范来进行，又要根据检验人员的自身情况、经验能力等进行现场发挥、临场应变。但是，由于相关人员并没有参与整个施工方案的规划设计工作，也没有全程在现场进行监督和跟踪，在实际工作经验和业务能力等方面也各不相同。这种情况就造成了相关

人员在进行检验以及评定工作的过程中容易出现问题。比如对评价指标的掌握不够全面，或者检验工作不够细致，甚至存在走形式、不负责任、消极懈怠等情况，这都会对施工质量的检验结果、评定结果造成影响。

施工质量检验与评定工作量大、耗时长。进行施工质量检验与评定工作，要保证细致入微，检验精准有效，这无形中就会拖慢检验的效率和节奏。再加上整个工程项目的体量庞大，而具备专业资质和经验水平的检验人员又数量有限，这就造成了整个质量检验工作的周期太长、劳动量太大，不仅对检验人员本身的精神和体能是个极大的挑战，也往往给整个工程项目的验收、交接等工作造成延误和迟缓。

三、进行水利工程质量检验与评定的改进策略

健全标准制度体系，做好标准统一管理。在进行施工质量检验和评定工作之前，需要对执行检验的具体标准和制度进行明确。这需要施工单位、设计单位以及监理部门、检验部门等人员的密切配合，从工程设定的参考标准到施工过程的参考标准，再到各类物料的采购标准、合同约定等等，各类规章制度、条款文本全部准备完毕，然后按照这些具体的标准去对接具体的项目、单元，以确保每一项检验工作都有具体可行的指标作为参照。在出现概念不清晰、界定不明确、指向不精准、规范不严谨的问题后，检验人员要和上级管理部门、施工方、设计方等进行必要的沟通，根据实际情况对相关标准进行明确，不要抱有侥幸心理。

升级检验设备，接轨大数据和云计算系统。传统的水利工程质量检验和评定工作对于人力作业的依赖性过高，劳动量大、检验工作复杂迟缓。随着大数据和云计算技术的普及，检验机构、相关单位也应当逐步加大检验设备升级换代方面的投入，同时对检验人员进行高新科技方面的培训指导，逐步摸索建立一套现代化、智能化、便捷快的检验管理工作模式。在进行检验取样、检验数据读取和采集、检验结果分析与计算、检验标准核定和对接等各方面实现自动化，这对于简化检验工作流程，提高检验工作效率、降低检验工作劳动强度等都有重要意义，也是未来质量检验与评定工作的主要趋势。

进行检验人员的培训与管理优化。检验人员是负责对水利工程项目进行检验和评定的关键环节，他们的业务能力、经验水平、责任意识也和检验结果直接相关。为此，未来相关企业、部门必须进一步加强检验人员的培训指导。一方面要增强检验人员的技能培训、经验交流、情报共享，提高检验人员的业务能力；另一方面要做好检验人员的思想道德教育和素质教育，提高检验人员的责任意识、思想觉悟。要严防检验人员走形式、做样子、收受贿赂、走人情关系，从而有效遏制各种不良现象和歪风邪气，保证检验工作能够落到实处。

四、严格做好水利工程施工质量的检验与评定工作

做好施工图纸、设计方案的审查与核对工作。严格来讲，水利工程的具体施工过程是要遵从设计方案来进行的。如果设计方案有问题、有漏洞，整个工程也就极有可能存在问

题。因此，很有必要对水利工程的设计图纸、施工方案进行检验评定。相关人员要认真做好项目整体设计方案、施工图纸等的检验评测工作，既要考察项目方案的合理性、规范性，又要评估项目的经济性、安全性。

做好单位工程外观质量的检验与评定。进行单位工程外观的评价是非常重要的一环。其主要内容是检查单位工程是否存在墙壁倾角过大、工程地基裂隙、工程结构布局和空间设置不合理、工程配备的水电管线等基础设备和设备在安装方面是否存在问题等等。检验人员要根据外观评价结果填报表单，出具检验报告，并做好问题环节、外观缺陷等的拍照登记、标注报备等工作，以方便敦促相关单位进行外观整治整改。

进行原材料、中间用品的质量检验和评定工作。在水利工程项目建设的前期、中期、后期，以及各个分属单位工程、单元工程中，用到的各类物料数量庞大，且具体分类、材料规格各有不同。比如钢筋的材质、管道的口径、配电设备、木方材料、混凝土材料等等，各类材料的规格都是不同的。为了满足实际建设需要，检验人员必须对各类原材料、中间产品等进行充分的检验筛查。一方面是核实各类材料供应商的资质以及各批次采购表单、票据是否齐全、有效；另一方面是做好各类材料物料的质量抽查检验，确保其实际规格、质量、数量等符合表单填报数据，符合材料采购合同规定的标准，能够满足建设施工的需要；对于相关材料、中间产品没有配备合格证，也没办法追踪材料来源，或者已经明确存在质量问题的材料，需要进行封存处理并追究相关责任人的责任，要严肃杜绝问题材料、劣质材料等的投入使用。

做好金属材料、机电设备等的质量检验和评定。水利工程建设过程中，需要用到大量金属材料、金属部件、金属器件。比如配电系统，还有各类金属管道、金属闸门、空调通风系统等等，此类金属器件、部件的质量情况也是进行检验评定的重点。比如需要大量焊接组装的金属管道，检验人员要判定焊接部位是否牢固、有无气孔或者漏焊等情况；再比如配电装置，要检验确定配电装置的防潮处理是否到位，接线是否存在松脱，要检查避雷装置是的安装是否稳固，接地点选择是否得当等等。考虑到水利工程环境潮湿，对于各类金属部件的防潮性能、防锈能力、材料工艺和指标等也要进行必要的检验，确保各类金属材料的成分、工艺符合相关要求。同样的，对金属材料、器件也要做好合格证的检验并出具检查报告，对无正规资质、无合格证明、不明确来源和产地的材料需要进行封存处理，另行安置。

做好单元工程质量的检验评定工作。对各个工程单元的检验评定工作，应当按照预定工序和标准来进行。相关检验人员要做到表单随身随填，有预定工序流程的按照工序流程来检验；没有规定工序的根据现场实际情况进行检验。要详细标注各个环节的检验结果，并对检验不合格、操作不标准，或者有其他质量问题、工艺缺陷的环节联合监理、施工等方面人员共同讨论制定解决方案，及时完成问题的整改处置工作。此外，对于需要整顿整改、返工重建的环节，需要做好后续的跟踪和复评工作，以保证问题能够得到圆满解决，消除安全隐患和漏洞，做好分部工程、单位工程质量的检验评定工作。对分部工程、单位工程的检验评定工作主要是在施工单位自行检验评定的基础上进行。检验评定人员要严格对照施工方自查自检报告书进行复评审核，对施工方自检报告中出问题的环节进行跟踪检查，确保问题得到很好的解决。对于分部工程、单位工程在施工中出现的表单、报告数据填报不准确、不全面、不严谨，或者其他存疑环节应该及时做好责任追究和审核。

做好工程项目施工质量的检验评定工作。进行工程项目总体施工质量的检验与评定，是在单元工程质量、分部工程质量、单位工程质量检验、审核的基础上进行的。它也可以说是基于以往各项质量检验评定结果进行的最终考量和复评。在这个过程中，除了对以往检验合格的部分进行抽查之外，最重要的就是对各层抽查、检验中出现的问题环节进行复查，确定各类问题都已经妥善处置。

水利工程的施工质量检验评定工作事关重大，需要相关单位人员克服自然条件差、标准不统一、工作量大等一系列问题，并积极根据工作需要进行改进，切实提高检验的质量和效率。只有这样才能充分保证水利工程项目的正常建设和有效运转，为国家各项水利事业的发展提供有力支持。

第四节　水利工程质量监督工作

中国特色社会主义进入新时代，水利事业发展也进入了新时代，我国治水的主要矛盾已发生变化。按照"水利工程补短板、水利行业强监管"的水利改革发展总基调要求，结合水利工程质量监督工作内容，本节从当前水利工程质量监督管理模式存在的问题入手，提出对水利工程质量监督工作的一些建议。

水利工程质量是水利工程项目管理的核心内容和水利工程建设的根本，随着大批水利工程的开工建设，水利工程质量监督工作已在深化改革中成为水利建设管理的重要组成部分。因此，新形势下如何做好水利工程质量监督工作？确保工程建设质量安全是水利工程质量监督工作者面临的重大挑战。

一、水利工程质量监督方面存在的问题

质量监督机构的定位不明。随着水利建设投入的不断加大，各级政府也陆续成立了质量监督机构，为水利项目的实施提供了强有力的质量监管保障，但目前仍然存在一些问题：首先，监督机构的设置存在不足，大部分为挂靠水利行政主管部门的事业单位，政府未设置独立的水利工程质量监督机构。以荆州市为例，市水利工程质量监督站现仍挂靠在市水利局建设管理与安全监督科。全市县级市质量监督机构8个，编委正式批复的县级质量监督站3个，仅占全市总数的37%。其次，部分县（市、区）虽然建立了质量监督管理机构，但无在编专职监督人员，大多数从水行政主管部门内部调剂使用或科室人员兼职，或专职人员数量、专业不满足质量监督工作需要，导致了质量监督机构的工作人员的工作形式很多都是兼职或者混岗，不能保证质量监督工作正常有序开展。

质量监督管理方式不畅。随着水利工程建设日益增多与质量监督工作力量之间的矛盾

日渐突出，目前的质量监督形式与管理方式已不适应新形势发展需要，主要体现在：一是因质量监督事务性工作较多，有关的检查和验收容易走过场，要求得不到严格执行。二是有些水利工程建设周期较长，工程质量监督的频次相对减少，监督力度不够，导致施工质量问题发现不及时，给水利工程质量埋下了隐患。三是工程项目施工时，由于新增工程、施工变更等问题导致了设计资料、图纸不全，使质量监督人员在开展现场监督时缺乏针对性和准确性。以上问题的出现都削弱了质量监督工作的有效性和权威性。

参建单位质量控制不严。参建单位质量责任意识较差、质量控制失效，导致工程实体质量存在缺陷，典型案例：2018年2月，荆州市水利水电工程质量监督站对监利县隔北灌区续建配套与节水改造工程开展了质量监督检查，经查看工程施工现场及查阅工程建设资料，隔北灌区项目现场质量管理薄弱，朱堤村、新府河多处边坡垮塌。

现场管理机构管理不到位。项目经理及其他关键岗位人员不在现场，未按照合同约定，设置现场施工管理机构，配备相应管理人员。

施工质量管理制度落实不力。施工单位未全面推行质量管理制度及建立质量保证体系，未制定和完善岗位质量规范、质量责任及考核办法，落实质量责任制。

施工过程质量控制不严。施工过程质量控制不到位，渠道未进行清基处理，坡度未达到设计要求，存在不按设计文件要求施工，监理单位未严格旁站监理，上道工序不合格即进入下道工序施工。

质量评定资料不全。施工单位未严格落实"三检制"；且缺少施工工序（单元）质量报验单。

质量检测不及时。现场查看发现部分回填土料土块直径较大、含水率过高、未经翻晒处理；土方回填碾压完成后未进行现场检测，检测制度不完善，无检测计划及台账，未提供检测报告。

二、新形势下做好水利工程质量监督工作的措施

加强质量监督队伍建设。为保证质量监督工作的正常开展及监督成效，首先应根据监督项目的数量结合质量监督计划配足专职的质量监督人员；其次，定时进行相关监督规程规范及专业知识的培训，提高监督人员的业务技术水平；最后，要做好廉政建设，完善制约机制，树立水利工程质量监督队伍"高效、廉洁、公正"的形象。

完善建设质量管理体制机制。科学完善的管理体制是做好质量管理工作的保障，造就一个优质工程需要参建各方的共同努力才能实现。一是要建立健全项目法人负责、监理单位控制、施工单位保证和政府部门监督的质量管理体制，强化水利建设市场主体的质量责任。二是要加快完善质量管理法规标准体系，尽快修订与经济社会发展不相适应的规定、标准。三是各地水行政主管部门应结合地方实际，出台具有可操作性的质量管理办法，建立质量管理奖惩条约，创新质量管理工作。

切实加强重点环节监督。影响工程建设质量的因素归纳起来主要是人为因素（主要包括参建各方的资质等级、管理体系和建设行为）和客观因素（主要包括原材料、施工工艺、

施工设备及施工环境）两方面。在监督过程中应主要把握以下重点实施有效监督：一是加强对责任主体行为的监督，主要核查项目法人的组织机构、技术管理能力是否满足工程需要，质量检查体系、质量抽查体系和相应的规章制度是否建立健全；核查监理单位的技术力量、质量控制手段是否满足要求；核查施工单位组织机构、人员配置是否满足工程需要，是否建立工地实验实，质量保证规章制度是否建立完善；核查设计单位是否设置现场设代机构、服务制度是否完善。二是加大对材料、设备监督力度，检查工程所采用的工程材料、设备是否符合设计要求和有关强制性标准的规定。三是强化施工过程的巡查，对重点部位和关键部位进行重点监督检查，做到事前预防、事中控制、事后验收。

提升质量监督业务素质和教育培训力度。全面提升水利工程领域质量监督人员业务素质是加强质量监督工作的内在要求，在工程开工和建设中，质量监督人员应深入工地，对工程参建的各方人员进行质量知识的教育和宣传，增强参建单位的质量与安全意识，保证工程质量、确保工程安全、发挥投资效益。

质量是建设工程的生命，水利工程质量监督工作任务艰巨，我们要根据"水利工程补短板，水利行业强监管"总基调，紧密结合水利工程建设实际、主动作为、创新方式、强化措施、严格履行水利建设工程质量安全监督职责，以问题为导向，严格"查、认、改、罚"，严肃追责问责，突出"严、实、细、硬"的监督工作要求，形成高压严管的"强监管"态势，充分发挥水利建设工程质量安全监督效能，有效管控水利工程建设风险，为新时代水利改革发展保驾护航。

第五节　水利工程项目综合效益评价

水利工程项目综合效益评价对于创新改进水利工程运营管理工作，促使水利工程项目价值得到最大化发挥等方面起着非常重要的作用。那么，针对水利工程项目综合效益进行科学化的分析对于实际工作创新进行具有一定的指导意义。

一、水利工程项目效益综合评价的必要性分析

水利工程项目作为现今人们生产生活进行的一项活动，其是人类智慧与自然资源利用相结合的过程，是人类在科学的认识指导下进行的生产操作活动，主要目的是为了满足人们生产生活需要。随着当前水利工程项目建设规模不断的扩大，建设数量不断增加的层面上，积极进行水利工程项目效益进行评估，全面分析水利工程项目建设的必要性，从具体化的数据分析基础上获得关于水利工程建设的具体价值，如果在预判阶段发现水利工程项目投入产出效应低下，那么水利工程项目建设的必要性就需要另做考虑。此外，水利工程项目作为一项大型的工程，在实际运行管理中投入的资源力度也是非常大的，对于当前资源节约型的社会而言，通过综合效益的评价分析，及时总结阶段性资源投入产出状况，如果未能达到预期的效益目标，则需要水利工程运营管理人员积极调整，重新制定发展规划，

立足战略发展的层面上，以此在人文环境、社会经济环境等多方面综合分析的基础上，提升水利工程项目建设的价值。

二、水利工程项目综合效益评价分析

建设科学的水利工程综合效益评价体系。水利工程项目综合效益评价体系的建设是保证整个工程项目综合效益评价的主要依靠程序，并且指标体系的建设能够规范综合效益评价工作的合理化进行。水利工程项目作为当前我国生产生活重要的战略性工程项目，其效益评估突出在社会性和经济性两个方面。水利工程项目建设和运行管理的资金支撑主要来自政府财政收入，其次则为企业和社会捐赠，而水利工程项目经济资金效益的发挥则是转化到农业生产、工业生产以及日常生活中，通过社会财富的增加、提升国民收入，彰显其经济效益和社会效益这就要求，关于水利工程项目经济效益综合评估体系指标建设中，需要从政治、社会、国土整治、扶贫开发以及防御和生态环境改善等方面进行建设，以此保证综合效益评估的全面性。而在水利工程项目综合效益评价指标体系建设中，必须提出指标体系建设的层次性、可量化特征。

综合效益评价的主要依据分析。水利工程项目综合效益评价必定建设在一定的基础上，需要从项目主要收获、项目损害主体范围、项目损害量化结果等方面进行全面分析。综合效益评价中，首先确定水利工程项目的规模、性质、功能，了解水利工程项目基本状况下，以此进行分阶段、分层次、分标准的评价。其次，水利工程项目综合效益评价要在国家规范规则和政策规定内实行，严格按照"水利建设项目经济评价规范"，进行规范性的效益评价。然后，水利工程项目综合效益评价需要在全面遵循可持续发展理念下，严格遵循当前"五位一体"的战略思想，立足为人民服务，提升人民生活质量的核心下，对工程项目在经济、社会、文化、环境等方面的贡献进行指标化的评价。最后，水利工程项目综合效益评价必须从工程项目自身特点出发，积极参考相似工程项目评价指标方法，以此保证评价的可操作性。因此在综合效益评价中，经济效益的评估需要立足以上五个方面实现基础上的财务支出以及国民经济贡献力评价。

合理选择水利工程项目综合评价方法。当前，水利工程项目综合评价方法的合理选择对于综合效益评估最终的精确性起着直接决定作用。首先，专家评价法的选择。此种方法评价简单、容易操作，但是专家主观性难以控制，未能体现工程项目综合效益评价的客观性。其次，经济分析法。此种方法的应用主要是将事先确定好的经济指标作为水利工程项目综合评价方法，其主要使用的是计算公式、经济模型、费用——效益分析法等。此种方法切实通过数据信息进行精确的评估、客观性强，但是公式和模型应用起来较为困难，且统一的量化公式也无法全面建设，适用性较低。然后，可拓决策评价方法。此种方法应用主要借助关联函数，对水利工程项目效益发挥目标之间的相容性分析，其能够对现今已经存在的方案进行科学哈的评价分析，且对于人工智能技术的引进使用也具有可行性，在水利工程项目中同时实现定性和定量分析。最后，其他数学方法的应用。通过MODM方法、数理统计法（主成分分析法、因子分析法、聚类分析法）、DEA法（根据输入/输出的一组观察值确定生产值)、AHP分析法(即层次分析法,通过阶段性目标、子目标完成情况分析,最终汇总分析)。不同的方法应用存在局限性,为了提升综合效益评估的精确性、全面性,突出不同方法的协调互补使用是非常必要的。

综上所述,水利工程项目综合效益评估是一项确定工程项目建设运行价值的重要工作。在实际效益评估中能够在指标体系建设基础上,有效根据综合效益评估依据,多种方法综合使用,以此整体上获得客观的综合效益评估结果,为水利工程项目运营管理改进提供依据。

第六节　水利工程与地质勘查

工程地质勘查工作主要是对水利工程施工所在地的地形地貌、岩土结构、地下水情况等进行了解和掌控,进而为工程的设计和施工提供必要的参考信息,它是水利工程建设过程中必不可少的一项工作。本节笔者就结合实例对水利工程中的地质勘查工作进行了分析和研究,希望能给相关单位和人员一些有益的参考。

一、地质勘查对水利工程的作用

有助于水利工程的合理选址。水利工程与其他工程项目相比具有其自身的特殊性,在工程完工之后,一部分建筑物是埋藏在地下的,而且要长时间受到水流等多种外力的影响,在实际运行的过程中,由于和周围水文地质环境之间的相互影响,会导致工程的安全性大打折扣。因此,在水利工程正式施工之前,应当注重选址的科学性与合理性,这就要求对施工现场进行全方位的地质勘查,了解现场的岩石性质、土质状况、地下水条件及地层构造等多方面的信息,并预测可能对工程带来质量与安全隐患的因素,从而制定针对性的预防对策。站在客观的角度来看,绝对满足所有条件的工程最佳地址是不存在的,工程建设规模越大,其地址选择工作就越重要。因此,必须对地质勘查予以高度重视,在水利工程施工之前及时完成各项勘查任务,搜集准确而全面的数据信息,从而为工程选址与施工方案的设计提供有效的参考依据。

有助于提高水利工程建筑设计的科学性。工程设计是水利工程建设的关键一环,在开展设计工作的时候,必须重点关注工程造价、施工进度等,后期的所有施工都是按照设计方案和图纸进行的,因此必须对设计质量进行严格把关。而设计工作开展的主要参考依据就是工程地质勘查结果,在工程施工现场的地质勘查工作完成后会编制选址报告书,该报告书主要涉及工程的主体形式、建设规模等内容,之后设计师会参照勘查报告中的相关信息开展第一轮设计工作。地质勘查为水利工程施工方案的设计提供了必要的参考信息,这对设计方案科学性与可行性的提升来说意义重大。

有助于降低地质灾害对工程带来的破坏。现场地质勘查工作的开展能对区域稳定性有一个大致的了解,同时,在仔细分析当地地质状况的基础上,能准确预测可能发生的地质危害，从而评估水工建筑物的安全性，提前采取相关技术措施，这样就能有效减低地质灾害对水利工程项目造成的破坏。此外，现场地质勘查可使施工所面临的水文地质条件更加清晰地呈现出来，便于专业人员准确分析地下水可能对建筑结构造成的腐蚀危害，设计人员也可以此为依据适当增强基层的渗水性，避免地下水对建筑结构造成过大的危害，从而实现水利工程使用寿命的延长。

二、结合实例对水利工程中地质勘查工作的分析

工程实例概况。以某水利工程为例，该水利工程的主要功能是供水和防洪，同时也兼顾灌溉、发电等，属于综合性的水利工程项目。该水库的总库容为 $1.45×10^8$ 立方米，装机10MW，坝长961.4米，坝顶宽度为8米，最大坝高约为33米。主坝枢纽水工建筑物主要建于泥质灰岩、泥岩和硅质岩上，坝基的岩层比较复杂，且软硬程度差别较大。工程施工现场的地下水属于基岩裂隙水，水力联系比较差，水文地质条件相对简单。

水利工程地质勘查的要点：

控制性勘查。水利工程地基是否稳定，与地质勘查数据的准确性有着十分密切的关系，工作人员在进行钻孔的时候，应当根据岩土工程勘查的规范标准进行，合理控制钻孔比例。一般来说，控制性勘测点并不需要在详细勘查时明确，勘查人员应将重点放在岩土的压缩指标和强度指标上，并对地基的稳定性、承载力等进行准确判断，同时还要事先落实好岩土变形的分析工作。

区域构造稳定性分析。在对施工现场的稳定性进行分析的时候，应当利用遥感技术，因为遥感图像能提供许多具有参考价值的宏观线性构造信息，充分反映当地的地形地貌特点、水系分布状况、岩土构造信息等，这对分析区域构造格局、确定断裂体系和判断施工现场周边的构造稳定性来说都具有十分重要的意义。

岩溶调查。在开展岩溶调查工作的时候，应当利用遥感影像，尤其是红外影像，对施工现场的岩溶情况及相关水文地质条件进行全面而直观地了解，相比其他技术方法来说，遥感影像技术能更加清晰地展现当地的岩溶地貌，不仅如此，它还能充分利用自身与其他红外光谱之间的差异，准确判断泉水和地下水分布的具体位置，以往诸多水利工程项目在地质勘查中利用该技术都取得了比较显著的成效。

水库泥石流、滑坡等问题的调查。由于本工程施工现场所面临的地质环境较为复杂，很容易出现泥石流、崩塌、滑坡等灾害。因此，必须在地质勘查环节做好对库区泥石流、滑坡等的调查工作。勘查人员可将遥感技术与野外现场观察相结合，对中型或大型塌滑体的分布位置、数量及其稳定程度等进行准确判断，一旦在勘查过程中发现比较明显的泥石流或滑坡等灾害隐患，应当及时制定相应的防范对策。

随着我国国民经济的不断壮大，对水利工程数量与建设规模的要求都显著提升。从以往的工程实践中不难发现，许多水利工程项目在施工中以及投入运行以后都存在严重的安全与质量隐患，究其原因，主要在于未严格落实工程的地质勘查工作。因此，要从根本上提高水利工程的建设质量，就必须做好施工前的地质勘查工作、掌握勘查要点，并积极运用各种先进的勘查技术。

第二章 水利工程规划

第一节 水利工程规划设计的基本原则

现代化的水利工程应当摒弃过往只注重经济发展的观念，应当充分考量人与自然的和谐相处，从而做到以人为本的现代化设计理念。现有的水利工程除了发挥其原本的生产生活价值以外，还需要结合景观文化、现代自然相融合的境界。在做到发挥水利工程原有的价值以外，相关职能单位在进行水利工程的规划过程中，还要充分结合当地的实际情况，将包括人文、思想、氛围等因素纳入考虑范畴之中，更好展开多元化的水利工程建设，让水利工程成为我国经济、文化为一体的标志性社会公益单位建筑。

就目前我国水利工程的建设经验而言，尽管目前我国各项相关水利工程建设的法律规定都建设完毕，在水利工程的施工技术与条件上，都得到了极大的发展。然而工程的落实情况，尤其是部分偏远地区的水利工程建设情况，却没有达到应有的标准，存在一定的问题。

首先，我国水利工程中建筑质量问题仍然是最为主要的问题。其次，在国家水利工程重要性不断突出的形势下，市场的竞争机制仍然不够健全。目前我国整体上水利工程仍然显现上升的态势，但基于各种客观或主观的因素，在其建设工作中仍然有许多可改进的空间，只有从源头做起，切实解决水利工程中的不足，才能更好地完成我国政府的建设任务。

一、生态水利工程的基本设计原则

（一）工程安全性和经济性原则

区别于其他工程类型，水利工程是一项综合性较强的工程，在河流周边的区域不仅需要满足包括灌溉、防灾等各项人为需求，还要在不破坏原有的自然环境和生态基础之上。因此水利工程的建设需要同时满足工程学原理和生态学两大科学原理，其建筑过程中也要运用到包括水力学、水质工程学等多项科学技术，从而才能更好提升建筑工程的安全性和耐久性。就水利工程而言，其首要任务是做好包括洪涝、暴雨等自然天气的冲击。因此在水利工程的设计阶段，相关工作人员的首要任务是深入勘查水流情况、当地的天气情况等客观因素，从而设计出更符合水流冲击、泄洪的通道，保障水利工程的长期使用。基于生态水利工程而言，必须以最小的建筑成本换回最大的经济收益，才能最大化水利工程的价值。由于受到各类客观因素的影响，往往生态系统在水利工程建设会遭受怎样的变化难以较好地预测。故而对工作人员做好各方案的比对，做好长期性的动态监控提出了较高的要求。同时，由于水体具有一定的自净能力，故而在水利工程建设上也要充分考虑水体的这一特征。

（二）生态系统自我设计、自我恢复原则

所谓的生态自组织功能，即为在一定程度上生态系统能够自我调节发展。自组织机理下的所有生物，其能够生存在生态系统之中，说明其适应环境，并能够在一定的范围之内表现出自适应的反应，寻找更好的机会发展。因此，在现代化的水利工程建设上，目前的水利工程更强调适应自组织机理。例如，在水利工程中的支柱——大坝的建设上，大坝的体型、选材都在设计者的掌握之中，故而最终表现出预期的功能性。而水利工程中的河流修复系统，其本质上与大坝有区别，其功能主要是帮助原有的水流生态环节，在不破坏其基本构造的情况下，更好地帮助生态系统加以优化调整，属于一类帮助性的建设工程。通过自组织的机理选择，原有的生态系统能够更快适应水利工程，并根据自然规律获得更好的发展。

坚持与环境工程设计进行有机结合。由于现代化水利工程对生态系统有了更强的要求，因此其设计的技术学科内容往往更多。因此其设计原则上不仅需要切实吸收建筑工程学原理，还需要一定程度上获取环境科学相关的技术，从而达到更优化的综合性建设。针对目前我国水资源愈发短缺，各地水资源急需更好更深入的开发现状，水利工程还需要将环境治理纳入考量范围之中。与此同时，由于水利工程尤其是规模较大的水利工程所涉及的水量较大，故而在水利工程的设计上无疑又增加了难度。例如，我国东北部黑龙江地区的扎龙湿地补水工程，尽管每年都采取了大量的补水措施，但其水质难以匹配过往传统的水态，最终也引发了水质进一步恶化，部分生物数量急剧下降的负面影响，尤其是众多的可迁徙鱼类往往不选择该区域进行繁殖。水利工程中，为了进一步减少灌溉农田对下游湖泊的影响，可在其回流道路上设置一定的过渡带或中转区域池塘。在水田附近的农作物生产不遭受影响，也可以经由农业户自行处理过剩的有机物。尤其在缺水地区种植水稻，需要注重水体的重复利用率，以期更好符合水利工程的水体净化处理要求。

（三）空间异质原则

在水利工程的设计阶段，就需要对其可能的影响因素做好充分考量，尤其是原有河流之中的生物因素，是导致水利工程是否发挥作用与价值的关键环节，在水利工程的设计原则中，不破坏原有的生物结构是重要的要义。河流中的生物往往对其所在的环境有很强的依赖性，生物也与整个生态系统息息相关，因此水利工程设计阶段必须将其纳入为重要的衡量因素之一，避免工程结构对原有的生态环境做出破坏。这就要求设计人员在前期做好充分考量工作，掌握河流生物的分布与生活要求，在不破坏其生态系统的基础上，做好设计工作。

（四）反馈调整式设计原则

生态系统的形成需要一个过程，河流的修复同样需要时间。从这个角度来看，自然生态系统进化要历经千百万年，其进化的趋势十分复杂，生物群落以及系统有序性，都在逐步完善和提高、地域外部干扰的能力、以及自身的调节能力也会逐渐完善。从短期效果来

看，生态系统的更迭和变化，就是一种类型的生态系统被另外一种生态系统取代的过程，而这个过程需要若干年的实践，因此在短时期内想要恢复河流水源的生态系统是很不现实的。在水利工程设计的过程中，应该遵循以上生态系统逐渐完善的规则，正确能够形成一个健康、生态、可持续发展的生态工程。在这样的设计之下，水利工程一旦投入使用，其对自然生态的仿生就会自动开始，并进入到一个不断演变、更替的动态过程之中。但是为了避免在这个过程中可能够出现与预期目标发展不符的情况，生态水利工程在设计主要是依照设计——执行——监测——评估——调整这样一套流程，并且以一种反复循环方式来运行的。整个流程之中，监测是整个工作的基础。监测的任务主要包括水文监测与生物监测两种。要想达到良好有效的监测目的就需要在工程建设的初始阶段建立起一套完整有效的监测系统，并且进行长期的检测。

二、水利工程规划设计的标准

（一）设计应满足的基本要求应满足工程运用的要求

工程实施后应能满足工程的任务和规模，实现工程运用目标；设计应满足安全运行的要求，在技术上能成立并有一定的安全要求。

（二）设计应有针对性

在水利工程项目规划设计时，要针对场址及地形、地质的特点来对建筑物的形式和布局进行合理设置；且这些设置随着设计条件的变化还需要进行适当的调整，而不能照搬照抄其他的设计，需要确保设计的针对性和独特性。

（三）设计应有充分的依据

设计应有充分的依据是指方案的设计应经过充分的分析和论证：①建筑物设置和工程措施的采取应通过必要性论证，以解决为什么要做的问题，如设置调压井时，应先对为什么要设调压井进行论证。②建筑物的布置和尺寸的确定等应有科学的依据。为使依据充分，布置应符合各种标准和规范，体型和尺寸应通过计算或模型试验验证缺少既定规范或计算依据时应通过工程类比或借鉴同类工程的经验确定。

三、设计应有一定的深度

在前期工作的各个阶段，设计深度有较大差别，越往后期深度越深。掌握的原则有两条：①应满足各阶段对设计深度的要求。②对同一阶段的不同方案，其设计深度应相同。在水利工程规划设计时方案比选结果的可信度与设计深度有较大关系。由于方案需要在可行性研究阶段和初步设计阶段进行确定，这时就需要方案具有一定的深度，通过各方案的比选来选择最佳的方案。

在水利工程项目施工建设之处，对其进行合理的规划设计，使保障工程质量以及工程使用寿命的前提。在规划设计的过程中，设计人员要严格按照相关的原则进行，在保障工程施工质量的同时，最大限度实现工程的经济价值、生态价值，以优化环境、满足我国水资源利用需求以及自然灾害防预需求，真正实现水利工程能效，使其促进国家的建设发展。

第二节 水利工程规划与可行性分析

目前，我国水利建设进入了从原始传统水利基础设施建设发展到现代追求绿色、健康、环保多样的新阶段，水利工程如何配套与完善已成为摆在我国政府亟须解决的问题，在保证水利工程施工的前提下，又能在水利工程施工完成后，使岸边遭到破坏的植被得到保护和充分利用，用洼地养殖名优鱼类，用较高的地方种植高档果蔬类，形成高效绿色农业，与水渠相结合，发展活水养鱼、旅游观光，形成植被恢复，高效渔业、果蔬经济、风景观赏于一体的新型水利工程格局。

一、水利工程、植被恢复、休闲渔业、观光等配套发展规划

水利工程在设计建设过程中，要结合休闲渔业，恢复植被、旅游观光等配套上下功夫，当水利工程取走大量土石方后形成废弃地，很难恢复植被，如何利用这块废地？已成今后水利工程建设中亟须解决的问题，既能保证水利工程建设正常进行，又能使水利工程建设完成后与之相配套，更好地完善水利工程，水利工程建成后，形成一个与水利工程相配套的亮丽风景带，一处水利工程，一处美景。对于改善环境，拉动地方经济，增加就业将发挥积极作用。

一是在规划设计水利工程时就要考虑到休闲渔业，水中岸边旅游观光远景规划。可因地形、地貌不同而因地制宜进行长远规划设计。二是可考虑大坝下游水渠两侧，办公区、观光区等，规划一个整体配套设计方案，在取走土石方的地方设计休闲渔业、旅游观光业项目、充分论证、合理设计、一步到位、一次成型。在适合养殖名优鱼类的地方设计养殖名优鱼类，在适合发展高档果蔬的地方种植高档果蔬，在适合观光旅游的地方发展特色旅游观光业。如在大坝下游挖走土石方后形成一个低洼地带，利用大坝高低落差形成自流活水养殖当地名优鱼类，生长快，口感好，经济价值高，是一个绝好可利用的自然资源。在环境保护、绿化地带，发展绿色植物，对于环境保护、水土流失可起到保护作物。如发展高档采摘果业，对于美化环境、增加收入、拉动地方产业将起到一个良好的作用。三是设计休闲渔业，旅游观光业档次一定要高，保证多年不落后。如在北方地区可与周边民族风情相结合，与自然风景相依托，具有独特风格的餐饮、住宿、园林、观光特色的度假区。夏季利用北方白天热、夜晚凉爽的特点，组织垂钓比赛、郊游、啤酒篝火晚会等系列活动，既为游客创造良好的外部环境，又陶冶了游客的情操。在冬季可组织游客体验雪地、冰上游乐活动，如滑雪比赛、滑冰比赛等，还可观赏北方冬季捕鱼的盛大场面。

二、案例分析

松原哈达山水利枢纽工程竣工后形成逾 7 万 m^2 的废弃地，此地处在松原市东南部，距松原市 10km 以上，距长松高速公路不到 10km，东邻松花江，西北邻松原市城区，用

此废弃地发展休闲渔业、绿色果蔬业、观光旅游业三大产业,对于水利工程完善,拉动本地经济,美化长春至松原风景观光带,将产生积极的深远影响。

三、水利工程、休闲渔业、旅游观光协调发展的可行性分析

利用水利工程废弃地发展休闲渔业、绿色果蔬业,它是旅游业中的重要内容,是家庭旅游业的新亮点也是当今世界旅游业的一大风景线,可以使环境保护和休闲渔业得到可持续发展,实现了双赢,充分利用了自然资源和人力资源。过去一些水利工程较多考虑单一因素,忽视了全面配套规划,浪费了大量的土地资源,使土地荒废很多年。根据每个大中型水利工程的特点,深层次地挖掘其可利用的价值。

一是在水利工程规划中就考虑挖掘土石方工程以后获得的地块用处,防止重复建设,一举多得、降低成本、利用效率高。二是用此废弃地发展适合当地的土著品种的果类、鱼类等品种项目。如我国三峡水利枢纽工程就是一个典范,全面考虑多方认证,在利用率、经济效益、生态效益和社会效益方面都是全国乃至世界水利工程的楷模。现在当地土著品种柳根鱼口感非常好,营养价值高,人工养殖技术已经具备,可大面积养殖,也可在高地种植鸡心果,这是果类口感较好的高档果,属于北方特种果类。三是在不影响水利工程项目的前提下,整体考虑建设功能齐全适合各配套项目发展的秀美的新型水利工程。同时,政府要协调环保、规划、水利、农业、林业、旅游、环保等有关部门联合制定出远景规划,按规划要求把水利等系统配套工程建设成既能把水利工程高标准建设好,又能把相关配套工程完善好,形成多重叠式的集休闲渔业、旅游观光于一体的当今最时尚的新亮点,具有广阔的发展前景。

第三节 基于生态理念视角下水利工程的规划设计

伴随着时代的进步和发展,人均物质生活水平显著提高,相应的环保意识也在不断增长,对水利工程建设活动提出了更高的要求。将生态理念有机融入水利工程建设中,就需要对以往水利工程建设中带来的生态问题进行深入反思和改善,采用工程创新建设模式来迎合时代发展需要,从技术上和规划上转变水利工程以往粗放型建设方式,以求最大程度降低对生态环境的破坏,打造环境友好型水利工程。尤其是在当前可持续发展背景下,将生态理念有机融入水利工程规划设计是尤为必要的,有助于推动水利工程规划设计的科学性、合理性。由此看来,加强生态理念视角下水利工程的规划设计研究是十分有必要的,对于后续理论研究和实践工作开展具有一定参考价值。

生态水利工程是在传统水利工程基础上进一步演化出来的,主要是为了迎合时代发展需要,融入可持续发展理念,更好地满足人们发展需求,维护生态水域健康,这就需要对水利工程技术进行更加充分合理的运用。生态水利工程中不仅需要应用传统的建设理论,还应该在此基础上进一步融合生态环保理念,对以往水利工程建设对生态环境带来的破坏

进行改善，修复河流生态系统。此外，生态水利工程建设中，应该严格遵循生态水利工程规划设计原则，结合实际情况，有针对性改善生态系统，推动社会经济持续增长。

一、生态水利工程规划设计工作中面临的困难

（一）缺乏具体的生态水利工程设计方法和评价标准

生态水利工程规划和服务目标具有明确的地域性和特定性要求，需要综合考量经济和生态之间的关系。由于生态系统之间具有较强的地理区域差异，所以生态水利工程也需要具备足够的地理区域差异性特点，因地制宜，满足当地地质、水文和生物等多种功能上需求。总的说来，尽管我国生态水利工程在设计中已经提出了相应配套的评价方法和评价指标，但是在涉及具体生态水利工程建设内容时，却依然存在较大的缺陷和不足，最为典型的就是评价方法不合理、评价标准不明确。不仅仅是该水利工程，从全国角度来看，很多当前建设的水利工程对生态影响的研究较少，无论是理论层面还是实践层面，致使相关领域缺少足够的研究成果可以利用和参考。此外，水利工程中由于包含大量的稳定性和安全性之时，所以我国水利工程建筑物尽管制定了明确的标准，但是由于未能制定相配套的技术标准，导致生态服务目标未能标准化和规范化，后续的水利工程设计工作也缺乏科学指导，变得无所适从，带来不利的影响。

（二）水利工程设计人员生态学专业知识和经验不足

生态水利工程是将传统的水利工程和生态学知识的有机整合，在符合传统水利工程建设目的和原理的同时，还需要符合生态学原理。故此，就需要相关生态水利工程设计人员具备更加扎实的专业知识，了解更多的生态学和其他学科知识，具备足够的专业技术能力和实践经验，只有这样才能确保生态水利工程设计活动取得更加可观的成效。但是从实际情况来看，水利设计人员具备足够的专业技术和能力的人才少之又少，尤其是生态水利工程建设经验的不足，导致很多地区的水利工程规划设计工作流于表面。诸如，在水利工程建设完成后，很多周边的生态环境和水文环境受到了严重的影响，尤其是水利工程周边的生物群落出现了明显的改变。此外，还有很多地区的防洪工程和水坝建设完成后，水体流动性降低，致使水体原本的自净能力急剧下降、水质下降、水体受到严重污染。传统的水利护岸工程建设更多的是以混凝土结构为主，这种人工还将水体和土地分离开来，造成了水中生物和微生物的接触，造成自然生存环境发生改变，河流原本自净能力下降，水体环境变差，不利于水中生物的生存。基于上述种种情况，致使很多水利工程的生态效益变差，为工程周边的生态环境带来了负面影响，尤其是在当前的市场运行体制下，水利工程设计人员和环境保护工作者之间缺少直接的合作机会，在一定程度上导致生态水利工程规划设计的落后性。

（三）水利建设和生态保护之间平衡协调问题复杂

无论是社会发展还是自然界的演变，都有自身独特的规律，人类在改造生存环境的同时，必然会对自然界产生一系列的影响，如何能够平衡协调人类社会活动和自然界环境变化成为当前首要工作之一。水利工程建设和生态保护之间平衡是一项十分系统、复杂的工

作，其中涉及众多的因素和变量问题，较之传统水利工程而言，生态水利工程具有固定方法，应针对不同的水文条件、河道形态，有针对性提出配套的设计规划。诸如，河床由于长期水沙冲刷形成了不同形态的河槽断面，所以在不同水文条件下会形成不同的断面。对于水文条件，所表现出来的特征和形态同样存在差异。故此，水利工程建设和生态保护之间如何能够平衡协调？成为当前首要工作开展方向。

二、基于生态理念下水利工程的规划设计对策

将生态理念融入水利工程规划设计中是尤为必要的，尤其是在当前社会背景下，经济发展和生态保护之间的矛盾愈加突出，为了谋求人类社会长远发展，就需要摒弃以往牺牲环境的粗放型经济增长方式，迎合时代发展需要，努力打造环境友好型水利工程，更加合理地利用水资源，改善生态环境。

（一）转变传统观念，强化学习和交流

水利工程建设同生态保护相同，是一对十分矛盾的对立体，只有坚持科学发展观，才能更为充分发挥主观能动性，将生态理念有机融入水利工程建设的各个环节，尊重客观规律，科学合理利用条件，促使水利工程对生态环境影响问题朝着更加积极的方向转变，设计规划更加科学。该工程在设计之前，为了确保生态理念能够有机融入其中，特组织相关设计人员学习生态学相关知识，并综合吸收和借鉴国外成功生态水利工程案例，结合我国实际情况做出综合考量。在实际设计活动开展中，通过专题研讨和座谈会的方式，进一步加强技术和经验的交流，分享设计心得。基于此，可以有效的改变设计人员思想和技术上的不足，提高综合能力。

（二）将工程水文学和生态水文学有机结合

提高工程水文学和生态水文学的结合，以此为设计基础，结合实际情况，促使设计规划更加合理。设计中应该提高对水利工程服务对象的保护，明确当前生态水利工程建设目标，更为合理地开发水资源，促使水利工程更加生态和谐发展。本工程在建设中，由于水库是以备用水库为目标，定位明确、使用频率不高、换水周期较长，所以多数时间内水库是处于备用状态。所以，水库规模和水质维护成为主要的工作内容，在设计时除了要计算水库规模以外，还要综合考虑到水库水环境容量实际需要，深入分析生态系统结构变化对于水质、水量带来的影响，了解水质变化规律，明确水资源空间分布和生态系统之间的对位关系。故此，在生态水利工程规划设计中，应充分考虑到生态水文学和工程水文学之间的关系，确保水库在各个时期都能够储存足够的水资源，维护生态平衡。

（三）明确关键生态敏感目标

生态敏感目标是生态水利工程建设中一项重点考虑内容，在设计中应该充分明确工程中影响生态的目标，在工程规划设计阶段提出合理的解决方案。从本工程建设情况来看，建设位置主要是在新城区，新城区作为当地政府大力开发的区域，可以说是寸土寸金，所以如何能够让水利工程同城市各项生态功能和服务对象协调？就需要在充分发挥水里功能的同时，还应该综合考量其他的城市周围环境因素，避免给周围环境带来污染，为城市化

建设提供更加坚实的保障。

综上所述，生态水利工程建设是在传统水利工程基础上，进一步整合生态学知识，将生态理念贯穿于水利工程建设始末，实现人与自然和谐共处的目的。生态水利工程更好地迎合时代发展需要，有效降低水利工程建设对周围环境带来的负面影响，为人们提供更加优质的服务。

三、基于生态理念视角的水利工程的规划设计实践分析

以某水利工程为例，该水库工程占地的总面积约为 1600 亩，总库容约为 230 万 m^3。工程项目的规划设计共涉及土方工程、水工建筑物工程、水土涵养绿化景观工程以及水生生态系统构建工程。基于规划设计过程遇到的复杂地质条件与工程兴建的多变量问题，设计人员共采取了以下措施进行优化控制，以提高水利工程项目建设使用的安全可靠。

（一）转变原有设计观念，强化学习交流

此设计控制目标的实现，要求水利工程规划设计人员应将可持续科学发展观，即生态理念视角作为原则，以使建设者的主观能动性充分调动起来。具体而言，就是在进行水库工程的规划设计时，组织学习与生态学相关的知识内容，并掌握国内一些成功水库工程建设案例。如此，就可通过座谈会或是专题探讨的方式，与生态环境科技单位进行技术与学术方面的交流，以解决生态理念的重视力度不够问题。

（二）明确生态敏感目标

研究表明，生态敏感目标的明确，能够使水利工程的规划设计规避可能对生态保护目标造成的直接影响或是间接影响。如此，就可在工程规划阶段，提出具有生态资源保护效果的初步设计方案。由于水库工程项目的建设位于所处城市的新开发区，因此，怎样实现城市各项设施建设与生态保护对象协调目标？是规划设计人员必须要考虑的内容。此外，规划设计人员还应从长远的角度来看，即满足不断上升的人口、工业设施以及商业住宅建设活动等需求的同时，通过控制水库工程运行使用带来污染与影响问题，来提高人们生产生活的舒适性。

（三）重视与环境工程的设计结合

该项设计规划实践措施，就是在吸收环境科学与工程的相关理论技术条件下，提高水量与水质的科学配置效果。由于应急备用水源，是衡量水库水质好坏的关键，因此，规划设计人员应将构建库区水生态与周边水土涵养区的设计重点。为此，设计人员应规划有宽广的水域或是水土涵养区，以为水库周边的生物提供良好的生存繁衍环境。此外，工程建设人员还应针对工程所处生态环境的发展状态与丰富程度，在水土涵养区与湖区间的过渡带增设生态处理沟渠、净化石滩地与氧化塘，以使湖区的周边构建成生态护岸。此设计规划背景下，水库工程建设附带的生态系统就可对水库运用产生的有机污染物进行降解，以降低水库使用对周边人们居住环境带来的负面影响。

（四）设计结合水文学与生态水文学

在此规划设计基础上的水库工程项目建设，需明确生态目标对水资源使用要求的情况

下,来提高设计控制的科学有效性,进而实现水库工程与生态环境的和谐发展目标。由于该水库工程项目的建设主要用于应急备用,因此,具有换水周期长与使用频率低的特点。此工程项目建设要求的情况下,规划设计人员应将防洪影响、水质维护以及水库规模,作为重点控制对象。与此同时,还应将水文学与生态水文学结合起来,即在运用水量与水质变化规律的情况下,使各个时期均能满足水库水资源的储存量需求。

综上所述,水利工程的规划设计人员应与工程项目的实际情况与目标需求进行结合,即在转变原有设计观念,强化学习交流;明确生态敏感目标;重视与环境工程的设计结合以及结合水文学与生态水文学的情况下,来提高设计控制的科学有效性。

第四节 水利工程规划设计阶段工程测绘要点

随着时代不断演变,水利工程建设事业已拥有全新的面貌。在水利工程管理中,测绘技术贯穿于整个过程中,扮演着至关重要的角色,其测量精度和水利工程质量有着密不可分的联系。

一、水利工程测绘概述

(一)水利工程与工程测绘

水利工程工作内容包括规划设计、施工和运营管理。其中,工程测绘是影响规划设计的重要因素,工程测绘工作内容很多,比如测绘项目准备工作、野外作业、外业检查与验收、业内整理、测绘结果检查与验收和成果交付等。规划设计是整个水利工程的设计,只提供平面地形图,其次,工程测绘是将计划变为现实。水利工程的施工包括施工放样和安装测量,运营管理是保障水工建筑安全还有工程管理工作,比如监测变形。

(二)工程测绘流程

项目评审是工程测绘的准备工作,测绘人员要对测绘项目进行评审,根据客户的委托,结合项目组人员的实力,保证产品交付质量、确定交付时间。一般是评审过关以后,才能根据工程测绘流程施工,具体流程是测绘项目准备工作、野外作业、外业检查与验收、业内整理、测绘结果检查与验收和成果交付等工作,要依次进行循序渐进。

二、新测绘技术应用的意义

近年来,测绘技术在不同领域中引起了高度重视,比如,在国防建设中,测绘技术已成为其基础性工作之一。可见,现代测绘技术在改善宏观调控的同时,也能协调不同区域的发展,有利于促进我国社会和谐发展。在新形势下,随着信息产业的高速运转,我国测绘技术不断完善。以此,能够为我国政府提供更好地测绘服务,不断地提高政府管理决策能力。此外,由于对应的测绘工作绘制成图形之后,能够充分展现国家的主权、政治主张。而这些都属于国家的机密,需要使对应的测绘成果具有一定的安全性,使国家各方面的权利得到维护。而在这方面，需要站在客观的角度，不断的完善测绘服务已有的水平。但在测绘技术应用的过程中，已有的测绘要求与测绘发展并没有处于统一轨迹，二者之间的矛盾日益激化。在这种局面下，需要不断优化已有的测绘技术，使其走上现代化、智能化的道路。

三、测绘技术在水利工程的具体应用

（一）测绘项目策划及准备阶段工作要点

此阶段主要包括组建项目组、资料收集及现场踏勘、编制技术设计报告和外业准备，其工作要点主要包括：

（1）选配技术力量组成项目组，对于技术人员及项目负责人等应按照工程规模、人员能力及工程量大小等确定，尤其是项目负责人应按照院内标准《作业文件》规定的岗位条件设置。

（2）对于现有测绘成果和资料，应该认真分析、充分利用。对于作业区域内的已知控制点，必须明确检校方法，只有精度可靠、变形小的已知点才能作为本工程的起算数据。

（3）应根据项目具体内容进行具体设计。技术设计分为项目设计和专业技术设计，依据抚顺市水利工程规划设计阶段的工作内容，通常将项目设计和专业技术设计合并完成。技术设计阶段的主要工作包括工程测绘比例尺的选择、施测方案的优选和进度控制等。首先，比例尺的选择通常依据工程类型、工程阶段（更具体的设计阶段，包括项目建议书阶段、可行性研究阶段、初步设计阶段等）和现有仪器设备情况等。例如，拟建水库坝址区地形测绘。其次，施测方案的优选通常包括控制测量和地形图测绘。而地形图测绘通常依据测区状况进行选择，若视野开阔，可选择全站仪配合笔记本电脑；若测区呈带状分布，可选择GPSRTK技术，但若测区内有卫星死角，可用全站仪辅助测量。再次，进度控制设计，充分考虑顾客的要求，依据工程量的大小和交付时间，投入适当数量的作业小组进行作业。通常，工程测绘只作为项目的一个中间产品，提供给设计方使用，只有在规定的时间内提交给设计方合格的测绘成果，才能保证在规定时间内提供设计产品。另外，外业准备阶段工作要点就是项目负责人会同主要技术人员进行技术、质量和安全的交底工作，并检查仪器设备的性能。

（二）野外作业

野外作业就是贯彻设计意图，按技术设计实施作业，其工作要点主要包括：

（1）地物、地貌要素点三维坐标采集应该做到不遗漏，能正确反映地形实际，局部地区可适当加密。水利工程测绘应包括：居民地、水系及其附属建筑物、道路管线、送电线路和通信线路、独立地物等。若采用全站仪法进行数据采集，对于一些危险地带或人员到达不了的地方，可采取交会法、十字尺法进行数据采集；若采用GPSRTK法必须为"窄带固定解"时，方可进行数据采集；对于一些卫星死角处，可用全站仪辅助测绘。

（2）如遇特殊情况，不能按技术设计要求执行时，测绘项目负责人应及时报告测量队责任人予以解决，并保留记录。

(三) 外业检查与验收

依据《测绘成果质量检查与验收》规范，测绘成果实行二级检查一级验收制度，而恰恰行业内的测绘部门往往忽略此项工作，认为外业结束、内业成图后，交付材料给设计部门任务就完成了，没有领悟二级检查一级验收的实质。二级检查一级验收是控制测绘成果，对测绘成果起到质量控制的作用。所谓二级检查一级验收就是，在外业组自检互检的基础上，由测绘单位最终检查，并最终由业主委托的测绘质量检验部门对测绘成果进行验收。外业检查与验收是二级检查一级验收中的第一级检查，即过程检查，实行100%全数检查。然后，依据院内标准《程序文件》组织验收，填写《勘测过程检查／外业验收记录》。

(四) 成果最终检查与验收

主要包括最终检查和验收，其工作要点主要包括：

（1）最终检查为二级检查一级验收的第二级检查，实行内业全数检查，涉及外业部分采取抽样检查，通常以幅为单位。采用散点法按测站精度实际检测点位中误差和高程中误差；采用量距法实地检测相邻的地物间的相对误差，通常分高精度检测和同精度检测。

（2）只有二级检查合格的产品，才能提交业主验收。对于验收中发现的问题由项目负责人组织纠正，总工程师对纠正效果进行验证，合格后，方可申请下次验收。

(五) 成果交付工作

水利工程规划设计阶段工程测绘有很多工作重点，其中重中之重就是成果交付工作。简单来说，产品交付的标准是二级检查验收合格的产品，即测绘结果检查与验收合格，并且总工程师审核过的产品，才能进行成果交付。另外，产品交付时，要提供相应的图纸与报告。

综上所述，工程测绘工作重点主要是测绘项目准备工作、野外作业、外业检查与验收、业内整理、测绘结果检查与验收和成果交付工作。其中测绘项目准备工作比较复杂，它包括组建项目组、收集资料及现场踏勘、编制技术设计报告和外业准备四部分，测绘项目准备工作是工程测绘工作顺利开展的有力保障，也是本节最详细讲解的一个内容。

第五节 水利工程规划方案多目标决策方法

水利工程对地区资源规划与调控意义重大，不仅关系着水资源调度运行效率，对生态环境改造建设起到了保护作用。随着城市化发展步伐加快，水利工程规划建设阶段，要做好项目规划与分析工作，拟定多个目标决策作为备案，才能更好地完成工程建造目标。据此，本节结合水利工程的规划要求，提出切实可行的改造决策。

一、水利工程规划多目标总结

（一）抗害目标

地基渗漏是水利规划常见问题，要结合水利体结构布局特点，提出切实可行的抗渗施工方案。地基是水利的基础部分，墙体结构性能决定了整个水利的承载力。为了改变传统水利结构存在的病害风险，需对水利墙体结构实施综合改造。因此，施工单位要结合具体的病害类型，提出针对性的施工处理方法。水利工程正处于优化改造阶段，优质水利成为行业发展主流趋势。施工单位要按照渗漏处理标准，拟定符合水利使用需求的加固改造策略，才能体现出水利结构改造优势。

（二）生态目标

生态城市建设下，对水利规划节能要求更加严格，倡导节能技术在水利中的普及应用，成为水利产业经济发展新俗气。随着我国改革开放越快，水利行业虽然近年来虽然有所下滑，但是整体上还是发展迅速。大型工程依然是发展的主宰，市场的竞争现状依然很激烈，工程的节能管理依然具有较大的难度。生态城市建设促进水利节能改造，对于我国水利节能是一个十分关键的因素，我们只有持续的提高我国的水利节能预测与控制能力，才可以与世界同步。

（三）质量目标

现代建筑行业处于高速发展阶段，水利规划质量关系着竣工收益，对城市改革建设起到了重要作用。基于现代化改革下，水利规划必须以质量标准为核心，提出切实可行的监理控制方案。为了摆脱传统施工模式存在的问题，必须建立质量优化处理方案，发挥质量建立部门的职能作用。城市改造建设背景下，水利项目工程规模不断扩大化，建立更加科学的施工管理体系，有助于实现工程改造效益的最大化。

（四）监理目标

现阶段，由于传统管理模式存在的不足，水利规划缺少科学的管理体系，导致工程质量建设不达标，限制了项目规划与改造有序进行。基于监理单位在工程建设中的指导作用，必须全面落实施工质量监理操作方案。结合水利规划监理发展趋势，提出切实可行的质量监理对策。水利关系着地区人居生活水平，晚上建筑施工质量管理体系具有发展意义。工程单位要坚持质量优先原则，安排专业人员从事质量监理工作，及时发现水利存在的质量问题，提出切实可行的管理改革对策。

二、水利工程多目标决策方法

（一）编写制度

由于种种因素的干扰，水利规划质量尚未达到最优化，这就需要施工单位采取针对性的控制方案，实现施工质量目标最大化，为投资方创造更多的收益。编制水利工程规划应遵循的基本原则与编制其他类型的水利规划是相同的。规划的具体内容、方法取决于建设项目的性质。单项工程规划的编制见水库工程规划、水闸工程规划、水电站工程规划、排灌泵站工程规划、河道整治工程规划等。

（二）优化改造

我国水利在节能管理上存在着重视不够、节能技术制度不完善、节能控制措施不落实等一系列的不足，只有加强其工程节能的研究，也就是在识别该项目节能、评价节能的基础上，提出切实可行的防范项目节能的措施与方法。新时期水利对区域水利发展具有重要作用，按照区域水利环境设定施工方案，可进一步提高水利运行安全与效率。施工单位要结合水利不良地质的特点，提出切实可行的施工改造方法。

（三）地质研究

水利工程规划通常是在编制工程可行性研究或工程初步设计时进行的。结合地质规划结果，可以对水利规划改造发展历程、选址、结构病害、墙体加固等方面提出施工思路，编制施工改造选址实施性策略。现场施工是项目建设的核心环节，按照工程标准进行现场施工管理及调控，有助于实现竣工收益指标最大化。水利工程规划机制建设中，不仅要考虑传统建筑管理存在的问题，也要落实项目规划与管理目标，结合水利发展实际情况，提出切实可行的管理改革对策。

（四）决策管理

基于现有水利改良趋势下，要做好水利工程规划问题分析工作，提出切实可行的管理创新模式，实现"安全、优质、稳定"等规划目标，这些都是水利工程规划必须考虑的问题。城市规划改造建设中，水利结构面临着诸多病害风险，不仅增加了工程单位的风险系数，也限制了项目竣工收益水平。水利关系着城市居民生活水平，对城市现代化改造起到了关键作用。为了摆脱传统水利工程规划存在的问题，要及时采取科学的处理方式，解决传统管理体系存在的问题，为水利规划建设创造有利条件。

（五）参数控制

由于拟建项目多是流域规划、地区水利规划或专业水利规划中推荐的总体方案的组成部分，在编制这些规划时，对项目在流域或地区中的地位、作用和其主要工程的有关参数等都已做过粗略的规划研究。因此，编制工程规划时，往往只是在以往工作的基础上进行补充深入。水利项目是城市现代化发展标准，搞好水利建设对区域经济发展起到促进作用。为了改变传统施工模式存在的不足，要结合质量管理改革对策，提出切实可行的施工管理方案。"质量监理"是建筑工程施工不可缺少的环节，按照质量监理与控制标准进行深化改革，可进一步提高整个工程的收益额度。

（六）数据调控

新时期城市改造建设步伐加快，以水利为中心构建住宅群，成为城市中心建设的新地标。水利是城市发展标志之一，发展水利必须重视施工质量监理，才能创造更加丰厚的经济效益除围绕上述任务要求落实所涉及的技术问题外，要重点研究以往遗留的某些专门性课题，进一步协调好有关方面的关系并全面分析论证建设项目在近期兴办的迫切性与现实性，以便作为工程设计的基础，并为工程的最终决策提供依据。

当前，我国水利行业处于快速发展阶段，项目施工决定了整个工程建设水平，关系着工程竣工后期的收益额度。为了避免工程风险带来的不利影响，工程单位要做好质量监理与控制工作，提出切实可行的项目规划方案。同时，对现场监理存在的问题进行深化改革，及时掌握水利工程潜在的安全隐患，提出符合项目规划预期的决策方法，综合提升水利工程建造水平。

第六节 水利工程规划中的抗旱防涝设计

水利工程建设是一个国家社会发展的基础，在现代化建设中要尤为重视水利工程的发展。由于我国地域面积较大，在城市分布上比较广阔，有一些城市靠近沿海地区，所以在对于水利工程的建设上就要考虑到当地的自然环境。设计一些符合当地地理环境的水利工程，积极的应对那些洪涝灾害，加快推进我国在抗旱方面的指挥，保障每位公民的生命财产安全。

当前我国在水利工程建设的过程中，由于地域分布的原因，水利工程的建设也会存在一些困难。随着我国国民经济的发展，导致大量的树木被砍伐，人们用于一些工业上和商业上的用途，使水利工程在建设中会受到一些地形地质因素的困扰。为了更好地处理这一问题，就需要人们在工程建设的时候进行合理的规划，对水利工程在观念上就要有一定的转变，当前我国在水利工程方面还固守着传统模式，在对水利工程的监测上还使用人工勘测，这给水利工程的工作带来了一定的负担。为了能够使水利工程实现防汛抗旱、水资源的统一管理，提供水资源的利用率，这就需要人们在建设的过程中要进行一定的规划，促进我国在水利工程方面的建设。

一、水利工程建设中抗旱防涝的部署

（一）对水利工程进行信息化规划

随着现代科学技术的发展，我们在水利工程方面的建设，就应该采取一些科学的技术手段使其应用到实际中去。对水利工程的规划进行信息化的处理，针对水利工程的地形地质等因素，可以运用地理信息系统对其进行一定的监测。通过对当地一些地质、水文的图像收集，结合一些数据进行一定的分析，提高在水利工程信息方面的便捷性和快速性。

由于水利工程在建设的时候需要一定的规划，相关部门就应该采取有效的措施对其进行分析，利用地理信息系统使整个空间的分布布局与数据库中的资料进行整合。在相应的软件技术下对其进行图像的编辑、存贮、查询，通过计算机计算出水利工程的信息。

（二）对当地的情况进行实地考察

为了使水利工程建设能够更好地实施，要对当地情况进行一定的考察。通过在当地建立一些防汛站对当地的雨水天气进行一定的汇总，准确的传输相应的信息使信息在收集的

时候能够快速地完成。还要保证在各种恶劣天气的影响下，还能够及时地把汛情传递给上级，保持道路的通畅。为了使防洪的方案更加的实用，就要采取一些科技手段对其进行分析，为防汛工作进行减压提供有利于决策的行为。

除了对当地的防汛工作进行一定的考察，还应该对抗旱工作作出相应的准备。由于我国幅员辽阔，在地域上的分布比较广，每个城市都有不同的特点。由于天气的原因受到台风强降雨的因素，我国江南大部分地区都会有一定的梅雨季节。而与之相反的就是一些中西部地区在降雨方面较弱，多是一些干旱的天气。由于靠近沙漠人们近年来对于植被的破坏造成土壤流失现象加剧，使局部地区的抗旱工作任务比较艰巨。大旱的天气出现，不利于农作物的生长，这给农业的生产生活带来了一定的困扰。我国应该针对不同的地区，进行不同模式的抗旱工作。对于那些缺少水的地方，进行南水北调的工程，积极地运用水利工程对其进行灌溉。除了运用水利工程来调节抗旱工作，还应该联系气象部门对其进行一些降雨。让人们在生产生活中要学会节约用水，提高水资源的重复利用率。

（三）建立抗旱防涝的资源库

资源库的建立是一项水利工程的基础工作，是为了能够使水情和旱灾的数据及时的进入信息的汇总。为了充分的发挥水情和旱灾的采集工作，我们可以根据国家防汛抗旱指挥系统工程的《实时水雨情库表结构》和《历史大洪水数据库逻辑设计》，对每个省市的数据进行统一的梳理，通过信息网使水情和旱灾的数据在网上进行资源共享。

为了使水利工程在建设的时候，可以减少建设的重复性，减少资金的投放。水利部门应该组织好内部的人员，对水利工程建设进行信息整合、抓住重点、统一实施、完善资料库平台。把水利部门的建设与全省市的站点进行联合，透过信息网进行运作，实现信息的互动，及时地将下雨的情况进行发布，给防旱抗涝的工作提供一个预防的机制。

（四）建立相应的抗旱防涝系统

根据我国在抗旱防涝的指挥系统工程的建设，下面的省市要依据国家相关的规定对水利工程进行一定的建设。结合当地的一些实际情况，积极开展国家抗旱防洪指挥系统的工程建设准备当前的一些工作。

对于每个省市的水情、旱情都有相关的监测系统，及时的汇总把其投入到水利工程的建设中去。还要开发防涝抗旱的系统，为每个省市在防洪抗旱的工作提供有用的信息加快其决策的科学性。

为了做好水利工程的数据建设，要切实的掌握好工程的数据收集、整理，对工程建设的维护和开发打下一个良好的基础。除了建立一些相应的防洪抗旱的系统，水利部门应该加大投放力度，针对当前我国容易出现洪涝和旱情的省市进行分析。找出它们的问题所在之处，对于这些问题加以模型的建造。通过对于模型的实验，在现实生活中进行改进推进我国水利工程的合理规划。

二、水利工程中洪涝灾害和抗旱的意义

水利工程的建设在一定程度上是为了社会的稳定，洪涝和旱情等自然灾害在发生的时

候多会造成一些人员伤亡和经济财产上的损失，为了挽回这样的局面就需要人们在水利工程的规划上考虑到实际的因素。积极地去掌握当前我国在自然灾害面前中可能遇到的问题，去想办法积极的应对这样的状况。水利工程的建设在一定意义上，解决了人们可能在生产生活中遇到的困难，合理的规划水利工程能够给人们带来福祉。帮助我们解决在生产生活中的遇到的农作物缺水情况，通过水利工程的建设来缓解旱情的发生，使农民在生产中能够保证农作物的正常生长，保证人民在粮食上的需求。当洪涝灾害发生的时候，水利工程的枢纽会进行工作条件洪水对其进行一些泄洪工作，这可以解决当前我国的一些西南省份频发洪涝灾害导致山体滑坡、泥石流等自然灾害的发生。水利工程的建设无论是给国家还是给人民都带来了一定的好处，保证人民的生产生活可以正常的进行。

综上所述，我国水利工程主要的作用就是为了减少洪涝灾害和抗旱。为了使水利工程可以造福人民，就需要水利部门的相关人员对其进行一定的改造。为了使水利部门能够及时地监测到这些自然灾害，就需要我们在平时工作中提高自身专业素质的同时，也要对一些现代技术进行学习。把科学技术与文化知识相联系，促进防洪抗旱的工程建设。利用地理信息系统地进行一些数据的储存、收集与分析，使其能够得到的数据更加的准确。制作一些相关的防涝抗旱的模型，针对实际中的问题运用到模型上，进一步的挖掘水利工程中会出现的一些问题，对这些问题进行解决，保证人民的生命财产安全。

第七节　水利水电工程生产安置规划

水利水电工程安置的目的在于将工程建设区域内的居民迁移至合适的居住点，并为其创造适合生产生活的条件。在生产安置的过程中，居民的生产生活环境会发生很大的改变，所以必须保证各方面都要安排妥当。但是在进行水利水电工程安置过程中也会遇到一些问题，影响安置工作的效率，本节探讨了一些生产安置方面的建议，希望能够为改善当前水利水电工程生产安置的现状提供帮助，以更好地推动我国水利水电工程的发展。

水利水电工程具有非常显著的经济效益和社会效益，其建设和发展一直是党和国家关注的重点内容。水利水电工程的建设难免会对附近居民的生产生活带来一定的影响，比如，对土地的占用、居民的迁移等，所以生产安置工作也是水利水电工程建设的重要组成部分，在水利水电工程的建设中发挥着决定作用。

一、当前我国在水利水电工程的生产安置方面存在的问题

水利水电工程生产安置工作的难度往往比较大，目前我国在这一方面也有很多不够完善的地方，主要表现在以下几个方面。首先，对移民的安置问题不够重视，因为水利水电工程的主体建设部分主要是技术问题，而生产安置是一个比较大的社会问题。但是从目前的情况来看，很多水利水电工程在建设的过程中往往都会表现出重工程、重技术的特点，而在移民的安置方面往往不够重视。其次，移民一般都是在县内安置，安置的范围有一定

的局限性。最后，很多当地的居民因为居住地的迁移不免会有不舍或者不满的情绪，对新环境的适应能力也比较差。在进行移民安置的过程中，居民的意愿是最难把握的，一是涉及的人口比较多，很难进行统一的安排；二是水利水电工程建设的周期比较长，在这期间居民的迁移意愿也可能发生变化。这些因素等会增加生产安置工作的难度和不确定性，必须在安置的规划阶段都充分考虑到，保证移民安置工作的顺利进行。

二、水利水电工程生产安置的原则

（一）坚持有土安置的原则

简单地说，有土安置就是要在安置工作中为移民提供一定数量的土地作为依托，并保证土地的质量，然后通过对这些土地的开发以及其他经济活动方面的安置，使移民能够在短时间内恢复到之前的生活水平，甚至超越之前的生活状况。在这一过程中，农民要仍然按照农民对待，保证农民能够得到土地这一基本的生活依据，防止农民在安置的过程中失去土地而走向贫穷。如果库区的土地资源不足，要因地制宜、综合开发，努力弥补土地资源，保证移民的生产生活有足够的土地作为保障。

（二）坚持因地制宜的原则

目前我国正处于经济大发展、大变革的时期，农村的生产生活方式也发生了很大的变化，农业收入已经不再是农民的主要经济来源了，所以在移民的安置方面也应该在原本的"有土安置"原则的基础上做出一些调整和改进。另外，尤其是在我国的南方地区，人口密集，土地资源也比较少，在进行生产安置时很难保证所有移民都能够分到土地。目前，多渠道安置移民已经成为水利水电工程中生产安置的一大发展趋势，除了农业安置、非农业安置、农业与非农业相结合的安置之外，还有社会保障、投靠亲友以及一次性补偿安置等多种形式，在搬迁的方式方面也有集中搬迁、分次搬迁等。所以当地政府在进行生产安置时要坚持因地制宜的原则，在安置方式的选择方面要充分听取移民的要求和意愿。做到因人而异、因地而异，对于有能力或者有专业技术的移民可以进行非农安置，鼓励其进城自谋职业；对于依靠农业为生的移民，要坚持有土安置；对于没有经济能力的老人和残障人士，可以采用社会保障安置的方式。

（三）坚持集中安置

集中安置是与后靠安置相对应的安置方式，在20世纪七八十年代，我国在水利水电工程的生产安置方面一直采用的是后靠安置的方式，通常是将移民迁移到条件比较差的库区周围，这些地区的生产生活环境都比较恶劣，在供水供电方面都非常不便，基础设施也非常落后，这些遗留问题一直在后期都没有得到妥善的解决。所以在当前的水利水电工程建设中，需要吸取之前的经验，在生产安置方面已经逐渐改为采用集中安置的方式。集中安置简单地讲就是在对移民进行安置前先做好统一的规划，然后待建成之后统一搬迁入住，安置点的生产生活环境也能够得到很大的改善，各种生活设施也比较健全，移民的满意度也更高。这种安置方式虽然在前期的投入比较大，但是是可持续发展理念的体现，在后期的管理中所花费的成本也比较少。

(四) 坚持生产安置和生活安置相统一

在水利水电工程的生产安置方面，不仅要解决移民的生活问题，也要注重解决居民的就业问题。在生活安置方面，要有超前的规划意识，坚持以人为本的原则，为移民的生活创造良好的环境。注重考察安置点的地质、地灾状况，对地质、水文条件做好评估工作，并从安置点的实际情况出发，做好当地的发展规划。此外，要保证安置点的各项生活设施全面、项目齐全、功能达标，在布局方面也要做到科学合理。在生产安置方面，要做好对土地资源的开发和规划调整，在充分考察民意的基础上，因地制宜发展二、三产业，促进安置点经济社会的发展。然后要做好其他方面的安排，包括一次性补偿安置、自谋安置、社会保障安置等，保证移民能够得到妥当的生产安置。

三、水利水电工程生产安置应该考虑的问题

（一）要保证移民的生产生活水平

水利水电工程生产安置的标准就是要达到或者超越移民之前的生产生活水平，这样不仅能够保证水利水电工程施工的顺利进行，也能够体现出水利水电工程作为一项民生工程的社会效益。而且通常在水利水电工程施工的地方经济发展水平不高，当地居民生活的物资也比较匮乏，基础设施建设也非常不完善，所以做好当地的生产安置规划是非常重要和必要的。一方面是为了切实改善当地居民的生活状况，保障移民的切身利益，另一方面体现了党和国家利民的政策和以人为本的思想理念。

在生产安置的过程中，为了保证移民安置能够有效提升移民的生产生活水平，有关部门要注重从以下几个方面进行把握：首先要做好对土地资源的调整，因为水利水电工程的建设本身就需要占用大量的土地资源，余下的土地资源是非常有限的，在对当地居民进行搬迁安置时，要注意做好土地资源的分配，也可以通过开垦新地的方式来弥补土地资源的不足。其次，要加强科技的引导，大力发展现代农业，根据安置点的土地状况和气候状况来开发新的种植品种和养殖品种，充分开发出有效的土地资源的潜力，引导移民科学种植、科学养殖、科学管理，提升移民的知识水平和现代农业技术水平，提升对土地资源的利用率。然后要适当发展二、三产业，增强对移民的教育和培训力度，努力提升移民的科学技术水平和劳动技能，鼓励农民找寻新的致富路径，增加赚钱的门路和本领。最后，要加强对安置点的基础设施建设，完善安置点的交通运输和医疗卫生、学校等基础设施，为移民的生活创造更加便捷高效的环境和条件，逐步提升安置点移民的生产生活水平。

（二）促进当地社会经济的发展

水利水电工程的建设具有非常显著的经济效益和社会效益，其在供水、供电、航运、防洪、灌溉等方面的功能和作用，能够给工程建设的所在地注入经济发展的活力。但是在水利水电工程的生产安置方面，也存在很多不确定因素，会对当地的经济发展带来一定的不良影响。因此，在水利水电工程的建设过程中，有关部门要重点解决移民的补偿安置问题，保证移民安置工作的顺利进展，最大限度地发挥出水利水电工程的经济和社会价值。如何使移民能够及时迁出、统一安置、快速致富？是考察生产安置工作的重要标准。移民

安置工作的完成情况与当地政府的科学规划、积极组织、有效安排是密不可分的，所以在安置工作进展的过程中，政府要明确自身的责任，全力支持、积极参与。一方面，当地政府在对工程施工地的移民进行安置时，要坚持以人为本、因地制宜的原则，从移民的角度出发，根据安置点的环境特点将移民安置妥当。在开展各项具体的安置工作时，要明确工作和责任的主体，保证各项安置工作能够得到及时有效地落实，使得搬迁和慰问工作都能够落实到位，提升工作的效率，保证后续安置工作的顺利进展。

水利水电工程的建设对安置点的经济发展虽然具有一定的促进作用，但是这一过程是缓慢的，移民群众的积极性也很容易受到影响。因此，当地政府部门要将水利水电工程建设同促进安置点居民的脱贫结合起来，进而推行并落实相关的政策措施，明确各级政府部门的责任，合理分工、积极协作，注重调动安置点移民的积极性，共同致力于促进当地社会经济的发展。

总的来说，水利水电工程的建设是一个综合全面的过程。在这一过程中，要重点解决当地移民的生产安置问题，坚持以人为本的原则，做好生产安置的规划工作，努力促进安置点的可持续发展，在提升移民生产生活水平的同时，努力促进当地社会经济的发展。

第八节　农田水利工程规划设计的常见问题及处置措施

农田水利工程对于农业生产具有十分重要的作用，由于农业的发展都是基于其他产业，所以促进农业发展，其他产业才可以获得良好的发展。在农业发展过程中，农田水利工程作为一项重要的基础性工程，就成为一个重点。规划农田水利工程时，应与地理环境及种植的农作物相结合，进行合理规划，对当地资源的利用实现最大化，这对于促进农业发展具有重要作用。农业发展能够促进其他产业发展，因而能够不断提高综合国力。

一、农田水利工程规划中的常见问题

（一）没有进行准确的环境勘测

国内很多农田水利工程都是在新中国成立时期建设的，因受到当时科技水平所限，很多水利工程的环境勘测都不尽合理，造成农田水利工程没有密切配合当地自然环境。在水利工程应用过程中，浪费了大规模资源，并很少影响到农作物的增产，无法满足农业发展需求。

（二）水利工程没有进行合理的设计

目前国内很多水利工程都是在新中国成立时期建设的而且不少的水利工程都是边规划边建设，建设时对水利工程设计的合理性考虑不周。这将浪费大量资源，也无法达到良好的灌溉效果，据有关资料统计所示，水资源在农田水利工程中只有六至七成的利用率，对于农业发展将产生严重制约。

（三）水利工程设施比较老化

早期在建设水利工程时，因规划不够科学合理，而且施工人员技术也不够熟练，造成水利工程普遍存在一些技术问题。由于都是在较早时期施工，设施也比较老化，在农业灌溉时就容易浪费水资源，降低其利用率，对农业发展产生严重制约。

（四）没有实现严格的监管维护

在监管维护水利工程中通常比较常见以下问题，因农田水利工程具有较小的施工量，采用比较简单的施工技术，导致施工监管人员不够重视。在施工监管过程中，容易发生偷工减料等情况，对于水利工程质量产生十分不利的影响。农田水利工程应用后，没有进行严格的维护。应用过程中的维护保养工作不到位，造成设备发生较为严重的老化和损坏情况，对于水利工程的灌溉效率产生严重制约。

二、农田水利工程常见问题的处置措施

农田水利工程中也有很多问题比较常见，结合上述问题应有针对性地制定处置措施，以保证农业健康发展。

（一）了解水利工程规划的目的

在农田水利工程建设初期，对水利工程规划设计思想充分了解，并与政府发布的有关政策相结合，进行科学合理的规划。确定工程规划目的，特别是地方政府对水利工程进行融资建设，更应对此方面的问题引起注意，以确保水利工程实施顺利。

（二）应切合实际对水利工程进行规划设计

在规划设计农田水利工程时，应与当地农作物生长特点及自然人文环境相结合进行合理规划。针对工程所需人员及材料应尽可能选用本地材料，能够明显降低水利工程建设成本。对于需要较高技术水平的部分，施工应采用适宜材料，不可因省事而对施工所需材料进行随意选用，以免水利工程出现比较严重的质量问题。对施工人员加强有关技术培训，使其深入了解施工方法及技巧，能够有效的确保水利工程施工质量达到设计要求。

（三）考察水利工程建设实地情况等一些预备工作应在水利工程实施前做好准备

在工程规划设计前，结合实际考察水利工程施工现场，对于农田情况应多向政府管理部门或村民进行深入了解后，再规划设计小型农田水利工程，这将会有效避免出现问题。与水利工程建设当地经济发展实际情况相结合，对地形地质条件进行充分考虑后，再设定水利工程建设方案，使其在实施过程中更具有明显目的和有序性的特点。水利工程施工应按预先制定计划进行，过去建设农田水利工程过程中都是遵循科学合理的步骤进行，以免影响目前农田水利工程的使用。水利工程在实施过程中应避免发生此类问题，水利工程若没有计划就无法稳步向前发展，对工程财力、物力等没有进行系列规划，就无法保障农田水利工程建设的顺利实施。

三、实施水利工程的要点

（一）技术水平

在农田水利工程规划设计中，采用良好的规划和适宜的技术措施才能促进水利工程的健康发展。设计者需要具备较高的素质及能力，才能有利于整个水利工程的施工。与设计者技术能力相比较而言，施工技术人员的技术能力具有更重要的作用，具有较高素质的施工人员应认真负责自己的施工项目，这对于水利工程施工质量将产生十分重要的影响。目前在实施过程中，很多农田水利工程都选用当地的一些农民参与过程的具体施工，但在通常情况下，农民的施工技术和实施能力都不高。在此情况下，有关管理人员应提前做好相关的技术辅导工作，使参与水利工程建设的每名施工人员都能掌握农田水利工程施工的技术要点。

（二）安全问题

农田水利工程相对建筑施工而言，无须在高空施工，尽管看起来不具有较大的危险性。但不能由于存在较小的危险就忽视水利工程建设施工的安全问题，在实施水利工程的过程中，施工人员更要提高安全意识，不论是何种类型的水利工程，也不论是建设高层建筑物还是建设农田水利工程，在施工场地都要讲安全问题放在十分重要的位置。在农田水利工程建设中，参与施工建设的有关管理人员应加强对参与工程施工人员进行必要的安全意识教育，配备相对完备的安全设施和负责安全的人员，对施工过程中的安全问题加强必要的监控管理，进而才能提高水利工程建设质量。

综上所述，农业发展与国家的经济发展具有十分密切的关系，在农业上打好基础，才能促进其他产业发展，而农田水利工程作为农业发展的一项基础工程就显得十分重要。在规划农田水利工程时，应与当地经济基础及自然环境相结合进行合理规划，水利工程设施建成后应定期维护保养，才能不断的提高灌溉利用率，实现农业增产农民增收，从而为促进其他产业发展奠定重要基础。

第三章 水利工程设计中存在的问题

第一节 水利工程设计中存在的问题

水利工程设计环节是水利工程施工管理的重要节点，直接影响后期的施工管理、布置以及作业。加强对水利工程设计问题分析，探究合理的优化对策，可以从根本上解决水利工程设计中存在的问题与不足，进而为我国水利工程设计工作的有序开展奠定基础，推动我国水利工程的持续发展。本节主要对水利工程设计中存在的问题进行了简单的分析。

在水利工程设计过程中，要重视施工设计分析，以施工后期的作业计划安排、现场物料放置以及质量标准规划等施工内容提供参考，继而为有序作业活动的高效实施与开展提供基础性的保障工作。

一、水利工程设计的程序

水利工程设计要根据水利部门编写的项目建议书，在获得上级批准之后委托相关单位研究水利工程的可行性，撰写研究报告。水利部门递交报告，上级部门批复立项。在立项之后实现对水利工程的初步设计分析，提交相关部门进行审批，初级报告通过审批之后，水利工程设计单位则可以绘制水利工程施工招标投标，绘制施工技术性的条款，通过建设单位组织施工招标工作。设计单位要根据水利工程要求提前绘制施工图纸，在完成之后行政主管部门要根据规范要求对水利工程建设与管理进行验收控制。水利工程设计方案可以为水利工程施工奠定基础、提供参考。水利工程设计图纸质量对水利工程造价控制、工期分配等工作的开展起到决定性的价值与作用。在水利工程设计中要加强对水利工程的设计需求以及施工过程中的自然条件等因素进行技术性的经济论证分析，通过合理的设计技术将水利工程的需求转化为水利工程的建设图纸要求，要加强对水利工程建设工作的指导。

二、水利工程设计中存在的问题

前期勘察资料。在水利工程设计过程中前期勘察是较为关键的内容，因为建设地点环境具有一定的复杂性，在水利工程设计过程中要通过实地勘察的方式才可以提升施工质量。同时，在施工过程中，如果缺乏对当地的水文、地质以及周边气候、水资源信息的分析，就会导致施工设计与实际设计不吻合、资源浪费等问题的出现，进而诱发返工、设计变更等问题，这些问题的存在会严重地影响水利工程的稳定开展。

水利工程等级划分缺乏清晰性。在水利工程施工之前要做好水利工程等级化分析，不同水利工程投资规模不同，在设计过程中要从不同角度系统分析，如果工程等级较高在设计过程中就要严格遵守高等级的设计要求，如果在设计中没有达到工程需求的等级，就会影响后续工作，造成资金成本的浪费。

没有分析方案可行性。在进行工程建设的过程中要分析施工设计方案的科学性，根据建设单位的资金投入合理分析，加强对收益率以及投资回收期的系统分析，进而保障工程方案的经济性与合理性。同时，要加强对设计细节部分的分析，通过可行性的分析，了解材料、技术以及人员数量、工期等因素，分析方案的可行性，是否满足建设工程的施工要求等。在设计过程中会忽略可行性等问题，如果没有对实际状况系统分析，就会给后续的工作带来不同程度的影响。

三、水利工程设计中问题优化措施

重视前提勘察工作。加强对前期勘察工作的管理，分析周边的环境、地质水文以及社会关系，根据实际状况制定科学合理的施工设计方案，保障各项工作有序开展、在实践中要重视水利工程项目前期规划以及项目的可行性分析。多数的水利工程地势环境较为复杂，在施工过程中存在诸多的难点，通过可行性的规划与分析，了解施工条件以及基本状况，基于施工角度系统分析，通过对水利工程的可行性论证分析。根据实际状况初步拟定技能根据方案，可以有效地验证施工技术的科学性，进而根据实际状况合理地优化设计方案，对于重要的技术性问题，则可以通过专题报告的方式解决分析。生态水利工程建设要分析当地的生态性特征，要基于实际状况合理地利用环境科学与工程技术，保证生态水利工程与环境之间紧密融合。要根据地区结构特征、合理设计。在政府引导下有效地融合生态理念，合理应用环保性的材料，进而提升水利工程建设质量与效果。

完善生态水利工程各项标准。制定完善的水利工程设计标准，根据生态水利发展需求，解决存在的问题与不足，提升操作性，为各项工作的有序开展奠定基础。对此，在实践中要根据水利工程的实际状况制定水利工程标准要求，在设计过程中要以设计为基础，制定完善的设计技术管理系统，根据实际状况提出具有前瞻性的设计标准，提升水利工程设计质量。综合水利工程实际状况增加不同系数、公式的计算分析方式，进而保证水利工程可以在特定的范围中落实标准。

全面落实设计方案。施工过程是设计方案落实的关键，为了实现水利工程设计技术的最佳效果，在施工过程中，要重视人员、材料以及设备的管理。在施工开展之前要重视施工人员的培训与教育管理，提升操作能力。提升质量以及成品保护意识，在施工中要掌握水利工程施工质量以及进度，配合管理人员的工作，加强对水利工程施工各个环节的系统管理与有效控制。同时，要基于施工规范要求做好材料的采购与管理，严格审查，保证其符合设计要求。重视机械设备的科学操作与防护，避免出现操作失误等问题，要通过专人管理，保证各项工作有序开展。

遵循水土保持设计原则：

自然客观规律。在水利工程设计过程中要始终以遵循自然的客观规律为基础，分析周边的自然环境，减少占地面积。通过设计有效的防护措施，根据地理特征合理施工，减少施工环境对周边生态环境产生的影响，实现二者的协调发展，进而从根本上保证生态系统的平衡性与稳定性。

保护自然资源。基于植被保护角度分析，植被具有调节与改善周边气候条件，优化局部地区地表径流的作用，可以有效地减少水利以及风力的侵蚀作用，进而达到平衡水土的效果，减少水土流失灾害的出现概率。基于土资源保护角度分析，在进行水利工程设计过程中，要基于原始地貌角度系统分析，加强对临时用地、运输以及综合利用等技术的分析，科学合理地规划施工，进而有效地减少资源的过度开展，从根本上提升水利工程设计质量。

再生性设计。进行水利工程设计过程中要基于生态环保角度进行再生性的设计，通过构建立体植物群落等绿化方式有效地恢复生态环境，继而保证水利工程设计的科学性与生态效益。

提高技术人员的素质，完善评价标准。在水利工程设计过程中，人是最为关键的生产要素，也是保证设计效果，提升生产质量的关键。相对于传统的水利工程来说，生态水利工程对于人员素质要求更为严格，在实践中工作人员要具有专业的能力，要熟悉了解生态学的基本原理，提升分析能力、学习能力，进而在实践中有效地实行生态设计的要求。在实践中要重视人才培养与组织，通过定期培训管理，提升专业能力，构建完善的奖惩机制，制定完善的评价价值，要对水利工程的生态性与环境效益进行综合性地分析与考察。

重视水利工程设计管理，了解在设计过程中存在的问题与不足，总结问题、总结经验，探究合理的解决对策，可以有效地减少不良影响。对此，在水利工程设计过程中要从生态角度分析，实现经济效益与生态效益的有效融合，进而为社会经济的持续发展奠定基础。

第二节　水利工程设计的重要性

水利工程关系国家经济建设，在水利工程建设过程，设计是重点工作。为保证水利工程设计的有效性，本节从水利工程设计的重要性出发，通过积极分析，并提出了水利工程设计的要点。旨在提高认识，并希望能够助力相关工作有效开展。

水利工程的建设是人类为了调节水资源分布情况，改善自然条件、造福人类的重要举措，它的建设能够极大的解决水资源时空不均问题，有效地提高人类的生活水平以及生活质量。不过，要想使得这些水利工程能够造福于人类，还得对其进行科学的设计。为保证施工质量，本节重点阐述水利工程设计的重要性，也明确了设计要点，具体分析如下：

一、水利工程设计的重要性

水利工程的建设是一项利国利民的基础工程，在其投运后将会对区域内人民的生产、生活产生极大的作用。但是倘若工程不合格或者设计不合理，则会给人民带来严重的灾难。

此外，水利工程建设具有技术复杂、重要性突出且投资高的特点。

因此，要想科学、合理且低成本的建设一项水利工程必须依赖于前期的设计，结合工程实例设计完整且合理的施工方案，方案的拟定一般从方案拟定、方案设计、方案比较、方案选择方面进行。在工程设计过程中，要结合工程施工规模、地理条件、建筑物布置情况、环境因素等环节。

在一个水利工程施工建设中，一般来说在工程项目中除了具备完善的水利工程规划之外，还要在此基础上对工程设计提出可行的方案进行优化，以保证工作的顺利进行。在当今工程施工建设中，一个方案的拟定和设计通常都是从：方案拟定、方案设计、方案比较、方案选择多个方面进行。在工程规划的过程中，设计规划工作的开展都是结合工程的开发任务、施工规模、地理条件、建筑物布置情况、环境因素等环节。在工程规划过程中需要从多个方面优化控制，以保证施工的顺利进行。在水利工程建设中，因为技术难度大、工程重要性突出、工程投资高的特点，在工程项目中还需要从经济性考虑，以保证施工的顺利进行。尤其是在近年来，随着科学技术的发展，工程施工难度不断突出，这也使得整个规划设计工作出现了新的难题。为此在设计的过程中，如何快速、合理的制定出设计规划方案至关重要？是整个工作开展的核心问题。

二、水利工程设计的要点分析

加强培训、提高水平、增强责任。设计人员要有良好的职业道德，端正工作态度，对设计工作给予充分的重视。设计单位要经常性地为设计人员做好定期和不定期的培训工作，请专业导师指导培训，学会运行现代先进的理论知识参与设计工作，从根本上切实提高设计人员的理论和实际水平。同时还要加强引导设计人员树立正确的人生观和价值观，提高个人的文化素养，不断加强思想教育工作，从根本上保证设计质量。

水利工程设计监理应该注意的要点。首先，要继续完善水利工程设计监理体制，为监理工作找到一个规范的执行与保障体系，从根本上确保水利工程设计监理的有效性。其次，在实际的水利工程设计监理过程中，要对整个过程进行全面而动态的监理，将监理融入水利工程设计的全过程，将可能出现的问题做到消除在初始状态。最后，要在水利工程设计监理中，建立质量和效率意识，以监理提质量、以质量保效率，推进水利工程设计工作向深入发展。

深化水利设计单位体制改革。目前，水利设计单位的机制较为落后，想要深化改革，需要通过2方面：在外部环境上，要克服区域间的局限性，不断提高设计的专业性，以及设计单位的品牌性；在内部管理上，注重设计人员的聘用，采用技术与经济相联系的方式调动积极性，并且设计成果应当经过层层把关。

水利工程设计质量管理应该注意的要点。要想有效地提高工程设计质量，在设计时，要强化质量管理，确保整个设计质量水平。设计时要紧紧围绕工程质量和顾客的需求来设计，不断提高项目设计质量，通过全方位质量控制来推动发展。设计单位在编制施工组织的过程中，要尽量做到具体详尽，进而提高水利工程设计水平。

要凸显文化品位和文化内涵。从某一个角度上看，与传统水利工程建设不同，现代化水利工程建设已成为一个城市景观的重要组成部分，它的文化品位已经与城市品位融合在一起，而水利工程建设的文化内涵和文化品位能够有效地提高一个城市的文化品位。所以，在设计水利工程时，设计人员要深入了解并感知这个城市的自然文化、人文风俗，进而通过相关的建筑小区、水域和景观等进行合理的规划与布局，确保工程的文化品位能够和该城市的整体文化气息相融合。

从景观设计的角度上进行优化。上面已经提到水利工程的设计不仅要考虑质量与安全问题，同时还要从文化、生态以及美学等方面进行考虑。然而作为凸显水利工程的文化内涵、美学品味以及生态性的一个重要内容，"景观设计"直接影响了工程的最终设计效果。所以设计人员在对水利工程进行设计的过程中，一定要对景观设计问题进行斟酌并加以优化。

注重科学性和可持续性。在对水利工程进行设计前，负责水利工程设计的单位以及设计人员一定要细致、全面地研究该工程所在位置的生态环境，以确保在设计的过程中可以利用相关的策略和方法解决工程与环境相协调这一棘手问题，确保资源得到合理的利用。设计人员一定要摒除传统的世俗审美与评判的标准，减少过度装饰与病态空间等构建现象，不仅要降低视觉污染，还要提高工程设计的可持续性与科学性。

综上，基于有效分析，作为相关设计人员更要明确水利工程设计的关键内容。要时刻把水利工程建设作为一项造福于人类的重要工作，积极提高认识，并有效实施科学设计，通过设计方案的合理性、科学性研究，有效的控制水流，防止洪涝灾害，此外还可以实现更多的功能效益。此外，相关设计人员还应该认识到，不是每一个水利工程都能够达到效果，必须依赖于科学的设计，有关人员必须要做好前期规划设计工作，这样才可以保证施工的顺利进行，提高工程的总体效益。

第三节　水利工程设计创新发展前景

在水利工程建设过程中，设计占据着极为关键的环节，水利工程设计质量直接制约到工程整体发展水平，其中设计主要体现在工程质量与进度等环节。同时由于受到诸多因素的影响，导致我国大多数的水利工程设计水平相对较低，不利于工程长远发展。为了更好地解决以上问题需加强设计创新，贯彻水利工程设计理念，从而为水利工程的可持续发展奠定坚实的基础。

一、水利工程规划设计原则

统筹考虑设计原则。水利工程当中设计诸多的内容，如水闸、水道以及桥梁等，因此，在设计过程中需遵循统筹规划的原则，加强管理功能整体设计，加强功能划分，并对物与环境等因素给予全面的考虑，从而能够有效地实现节水、调水、保水等目的。

和谐协调原则。在水利工程设计过程中还需遵循协调配合原则，将水利功能与景观设计、已有工程与新建工程、水利建设与生态环境、设计风格与地域特色等实现协调，保证和谐共处。

特色鲜明原则。在设计过程中需依据特色鲜明等原则完成设计，加强水利工程辨识度，同时发挥其独有的特色，促进工程的稳定发展。

突出重点原则。依据水利项目自身特征，需坚持突出重点原则，做到有所为、有所不为，从而最大限度地提高设计质量。

二、水利工程设计存在问题

缺乏生态设计重视。目前水利工程设计并未融合生态设计理念，除此之外，缺乏统一设计标准，造成水利工程设计缺乏生态理念的贯彻执行，同时由于缺乏设计依据，在很大程度上影响这生态设计理念的融入。除此之外，因我国地形复杂，在落实理念设计时需全面分析项目所在区域具体地理状况，但因大部分设计工作人员忽视此环节，从而导致设计方案缺乏执行性，制约着水利工程设计质量的提升。

设计人员问题。在设计过程中，因设计师个人隐私导致计算错误，进而造成设计方案与项目具体状况不符。因此，受到设计工作人员因素的影响，在很大程度上制约着建筑设计整体水平。

缺少前期准备。水利工程与其他项目相比具有一定的特性，其囊括的种类繁多，所以，在设计时需将所有因素完成全面的考虑，并在前期准备工作当中需加强项目调查，根据调查结构完成设计。但在具体执行过程中，相关人员并未对准备工作的开展给予相应的重视，大多数项目为了缩减工期以及节约成本从而省略了准备环节，进而导致后期出现各种问题，制约工程的顺利进行。

三、水利工程设计创新发展策略

生态水利的设计创新。伴随着当前生态理念的普及，在梳理工程设计当中需加强生态理念的融合。相关设计工作者对象所在具体状况以及环境承载力给予全面的分析。一般状况下，水资源具有相应的自我调节能力，并具有较高的环境承载力，在设计过程中需保证满足所在区域经济发展的基础上，科学的评价工程环境污染状况，并确保评价的公平性、真实性以及全面性。除此之外，在河道设计过程中，需对改造与维护环境给予重复的了解，明确河道改造施工所有环节具体状况，并严格遵守生态设计理念原则，保证河道工程改造以及施工的生态化。同时，还需做到因地制宜，通过有效的措施对出现的生态换环境问题给予有效的解决。在此过程中，相关人员需对河道生态环境给予全方位的考察，依据调查内容与结构完成改造设计，从而保证工程与自然的和谐共处。在此基础上，还需加强水利工程河道自我调节作用，并加强保护设计，进一步延长河道使用周期，从而真正地实现水利工程与生态环境的平衡发展。

加强设计者的综合能力。为了更好地保证水利工程设计质量需进一步提高设计人员整体设计水平，由于水利工程设计具有较高的专业性。因此，设计工作人员需具有较高的专业设计能力同时还需具有综合性的知识给予有效的支持。水利工程企业需加强设计人员考核机制的完善，只有符合设计标准的人员方可进一步投入到设计工作当中。除此之外，需定期组织设计人员参考专业培训与专家讲座，从而提高人员综合素质的同时，能够通过学习专业设计工作者设计经验提高自身整体设计水平，从而更好地为水利工程设计的创新与质量提高奠定有力的基础。

加强前期水利工程勘察设计水平。目前大部分水利工程规划设计的工作还是基于传统的二维 AutoCAD 图形设计，这种工作方式导致地形资料利用不充分、规划方案不直观、设计效率低下等问题，所表达的信息存在着一定的局限性。随着地理信息技术的发展和应用，在水利工程规划设计中引入三维地理信息系统技术，可以实现流域级别场景的可视化表达，既可以直观地反映水利工程各个施工建筑物模型，也可以对工程区域进行淹没分析、坡度分析、填挖方分析等三维分析功能，从而为水利工程初期规划设计工作提供科学的规划依据和理论支撑，使规划设计方案更加科学和合理，并提高工程规划技术水平和设计效率。

加强技术创新管理。加强技术创新，不断地提升工程技术水平是提高水利工程勘测设计质量的重要手段。勘测设计单位只有不断创新，技术水平不断提高，才有可能持续健康发展。技术创新除了机遇外，还应考虑并应对可能出现的质量风险。创新设计更要加强质量管控，应严格按照新技术有关要求做好每一项工作，在质量受控的情况下通过技术创新，从本质上提升水利工程设计质量。

五、我国水利工程设计创新发展前景

人本思想得以更为明显的体现。由于水利工程属于民生项目，不但直接影响到所在地区经济与社会发展，同时还会对江河、湖泊与周围区域自然地貌、环境景观等带来一定程度的影响。除此之外，伴随着我国社会经济的发展，更加体现出以人为本思想，因此，在设计过程中需有效的融入人本思想，从而更好地满足时代发展的脚步。同时，在设计过程中需保证防洪减灾基础功能的前提下，体现以人为本设计理念，重复分析工程生态环境、水资源建设以及人民日常生活等因素，从而更好地实现水利工程设计的人性化，促进其长远健康的发展。

更加关注生态化。从某种层面上来讲，水利工程建造先关工作是我们国家生态环境方面的工作任务。在水利工程开展期间，避免不了对周边的环境以及生态会造成一些破坏，因此，水利工程开展期间必须确保其符合生态的特点，一定要把对生态环境的破坏程度降到最低。在工程建设中有效地将环保理念以及持续发展思想与工程有效结合起来，保证工程建设顺利进行的同时将环境保护工作做到位，另外，工程建筑还要必需能够满足人民群众所需要的，总体来说，工程建设开展期间要保证项目和大自然和谐发展，加强工程的可观赏性。

多专业联动的弃渣资源化设计理念。在水利水电工程设计时，首先要从技术方案比选入手，最大限度地降低防治弃土弃渣状况的发展。若果不可避免则需遵循因地制宜、综合利用的原则,将弃土弃渣进行资源化利用,有效地降低弃渣对环境所带来的破坏,降低弃渣场设置导致的水土流失风险,降低征地投资以及水土保持投资,更好的保证水利工程的可持续发展。其中水利水电工程弃土能够划分为三种类型,即表土、黏土和一般土方,将弃渣细分为符合要求石方、一般石方、土石混合渣料等3类,为设计过程中,需融入弃渣资源化设计理念。例如,在进行水库土坝建筑和堤防工程建设过程中,工程基础开挖不可避免地产生表土剥离、土石方开挖弃方,此时要从工程总体土石方平衡的角度进行规划和布置分析:对表土进行收集,用于水土保持和生态绿化植物措施;对土方,凡是符合设计参数要求,用于坝体填筑或灌浆工程需要;对石方,凡符合要求的用于砌体工程或混凝土粗骨料;对于既不符合坝体填筑要求的土方,也不满足砌体和混凝土骨料要求的石方,则可用于工程场地平整填筑、坑塘回填、堤防填塘固基等,也可用于工程附近其他项目的工业区、民用设施的场地填筑等。对于土石料场的表土剥离和弃渣,同样进行资源化的综合利用,尽最大可能减少弃渣,为水利工程的生态化发展创造良好的环境。

总而言之,由于水利工程建设作为基础工程,对于我国社会发展以及经济增长具有重要的影响。因此,在设计过程中,需加强整体质量把控,从而更好地促进工程的长远发展,在此环节需加强创新理念的运用,从而从多个角度出发全面分析设计影响因素,并提高设计质量。

第四节 水利工程设计融入生态意识

本节主要讲述了水利工程设计融入生态意识的建议实施办法,从根本上希望为我国的水利工程事业提供有效的参考意见。

一、水利工程的设计当中生态意识的重要性

生态意识广泛应用于水利工程建设当中,其要求有关设计人员要对周边生态环境有一定的了解,在了解的基础上设定较合理的方案,要最大化地降低对周边生态环境的污染与破坏。如没有制定合理的方案,即使是可以满足属于工程建设的需要,但是依然会对生态环境造成一定的破坏。总之,应坚持人与自然和谐共处的目标,将生态意识与水利工程相结合,加强水利工程与环境协调的总体发展。

二、生态意识理解和水利设计相结合的原则

缓解的原则。自然的环境可以经过生物和生物之间的生态循环与相互作用在一定的范围内实现净化环境的功能。因此,在水资源的设计过程之中,生态意识的渗透与融入也需要坚持缓解性的原则,将自然环境修复与自我调节的功能充分利用起来,尽量避免对自然的环境造成过度的破坏,能够让自然界通过自身的能力实现进化。

实用性的原则。在水利工程设计当中运用水生态环保理念,就必须要坚持实用性的原

则，要考虑水利工程防洪与抗旱、水资源调控、防洪灌溉等功能，并且在一定的前提之下进行水利工程的生态设计建设，在保证水利工程的实际功能可实施的同时，实现其对环境保护的功能。同时，在水利设计进入生态意识的实践过程之中，有关单位要充分考虑设施周边的气候条件和地质环境以及周边居民的生活状况与经济发展情况，选择较为经济性并且实用性强的设计方案。

整体性的原则。当水利设计进入生态意识里的时候，要把周边的环境与水利工程作为一个整体进行考虑，在设计的过程中，要坚持以生态整体性为原则。与当地的气候因素、水文资源、动植物的生活状况以及地质特点相结合，展开整体的系统设计，确保水利工程在施工的过程中与后期运行的过程中能够和自然和谐共处，从根本上降低对周边生态环境的破坏。

三、水利工程的设计融入生态意识的应用策略

将生态水文与工程水文当作设计的基础。生态水利工程涉及了草原、农业、湿地等一系列生态用水与城镇、居民的社会生活用水，所以可以把工程水文学与生态水文学相结合，进而为生态水利工程的设计提供一定的基础。例如，某市在提水灌区的开发与设计过程当中，主要根据工程水文学与生态水文学的角度，对退化的湿地展开综合的考虑与分析，并且对措施进行经济性的论证，证明该设计不仅可以提高当地水稻的产量，还可以满足退化湿地生态需水量的要求。

加强环保材料的运用。在对水利工程设计当中，应该要考虑环保理念的影响，选择较为环保的材料，体现现代化施工技艺的最大功效。在进行现代化的水利工程方案设计的时候，需要有关的工作人员始终坚持环保的理念，对于市场中不同材料要进行充分的了解，掌握不同型号的材料，在施工过程中的要求，基于工程设计的质量，选择最合适的环保材料。确保水利工程的经济性与环保性，通过运用生态环保的材料减少对环境的影响与破坏。在实际运用当中，可以选择运用石笼、植草砖用砖等进行保护，使用材质为膜袋的材料，确保植被可以正常生长。在这过程当中，也能够选择通过现代化的技术恢复对于植被的保护，或者是不断地用创新技术提高对植物的保护，从而加强水利工程保护的效果。

加强环境工程与生态水利的融合。按照生态水利工程设计的理念与标准，生态化的水利设计应该把传统的工程设计中较为科学的概念与工程技术运用在现代的设计工作中，同时，要注重综合环境工程的整合工作，对水质水量进行科学的分配。比如，就河道整理的建设过程中，因为修建水坝会造成水生动物的污染、大气的污染、地震、沙尘暴、台风等自然的灾害。所以，就以上的问题来说，在河道的建设过程当中，需要针对出现的情况设计正确的管理办法，对河道整治进行全面的管理，从而让其适应周边环境发展的需求，进而让整个方案顺利进行。

生态意识于堤岸建设中的应用。河道两岸的堤岸也属于水利工程设计的一部分，把堤岸建设和生态意识相联系，可以在水利构成的应用中提供较多的思路与办法。在建设堤岸环境的过程当中，需要改变旧的认知和观念，在对当地的环境和经济进行调查后，才可以

更好地设计出解决的办法。在设计方案的过程当中，要注意堤岸的建设可以带来的经济效益和对周边环境的影响，尽量避免方案和环境的冲突。在当今的社会环境和政策的变化发展下，经济效益和生态环境的结合便是堤岸建设的根本目标。

河道改造中的应用。河道的改造结果对整个水利工程的质量有很大的影响，为了可以让生态意识在河道的改造里得到有效落实，工作人员就要综合考虑在改造过程中的因素。从根本上确保方案能够顺利实施，在实际的施工情况下，应该严格根据改造方案进行施工，这样便可以达到建设的标准，同时也可以满足可持续发展的理念。此外，工作人员也应该分析对岸边的保护和绿化工作，其可以保证后期清理河道的工作能够顺利进行，同时也要将生态型护岸的原则融入方案里，让生态环境与河道改造可以协调发展。

总之，在水利设计建设当中，应该融入生态环保的意识，其符合当今社会可持续发展的需求，不仅可以提高水利工程建设的实用性，同时也可以提升其环境的友好性，实现人与自然和谐共处。所以在水利设计建设过程中，每个部门要不断改变思路，运用创新到思维与先进的技术，从多方面对水利工程设计的环保意识进行整改，为我国的水利事业发展添加最新的活力。

第五节　水利工程设计方案需注意的问题

水利工程建设几千年的历史，积累了丰富的经验，都江堰等大型水利工程至今依然为人们提供着福利。然而，不同的时代总有不同的需求，因而在新时期的水利工程设计方案中应该始终坚持与时俱进的精神，并结合现代生产生活的需求创造出更加符合可持续发展的水利工程设计方案，造福人类。本节以我国新时期的水利工程建设需求为出发点探讨水利工程设计方案相关工作。

在现阶段，任何一项工程都可以根据项目管理法开展诸项建设活动。以水利工程建设项目为例，就可以按照这种项目管理思维将其划分为方案设计、实地勘察、准备材料、施工建设（按照施工准备阶段、施工阶段、质量验收阶段进行划分），所以在实践过程中已经形成了具备诸项标准的生产流程。从总体上分析，水利工程设计方案决定着后续的所有工艺及流程，因而有必要以设计方案这个环节作为研究对象，对其中需要注意的问题做出说明，确保水利工程的设计方案以更加完美的状态进行呈现。

一、设计方案应该分阶段进行评估

在水利工程建设项目中，不仅包括设计、勘察、材料、施工、应用等大的环节，在每个小的环节中也会以子项目的形式划分出诸个子环节。比如，在水利工程设计方案中，需要先后经历按照建设需要提出方案意图、进行项目申请、开展方案设计、比较不同方案的可行性、选定方案、进行方案验证等六个步骤。由于设计方案环节较多，牵涉到的资源配置相对复杂，所以，在水利工程设计方案制定环节，需要慎之又慎。比如，在水利工程设计方案应该满足建设需要，即符合当前生产生活中对于水利、水电、运输、农业生产等需求，在这个环节，需要对当地具体发展情况进行综合评估，包括农业生产状况及发展需求、产业化程度与电力供给需求、水系网络及运输贯通情况等进行全面评估。若在城市周边则应该考虑对于内涝问题的解决，若在偏远地区，则应该考虑投入与产出之间的经济效益等。当确定好方案意图后，应该以正式的文件形式，详细说明建设需要并提出初步报价；在设计好多套方案，经过讨论后再决定选择哪套方案，并按照比较优势提供最终报价；完成后按照确定好的方案进行技术验证即可。

二、设计方案应该坚守多项原则

在新的发展时期，根据两会精神要求要有"新突破"，要从"高质量发展"开展各项实践活动。因此，在这种新精神引领之下，需要结合当前水利工程建设之需，从多个原则方面确立方案设计的品质。具体如下：首先，应该注重需求原则，即建设需求；其次，需要以人为本，符合可持续发展理念；以人为本就是水利工程设计方案应该满足人的需求，为人服务；符合可持续发展理念即是要满足生态需求，保证生态利益与经济利益之间的均衡，禁止以经济效益破坏生态效益，给子孙后代造成严重的生存困境；再次，应该以使用价值作为衡量尺度，确保新时期的水利工程设计方案能够满足当前的生产生活需求，还应该在诸方面进行突破，使其变成有利于子孙后代享用的水利工程，从根本上发挥出水利工程最大的优势，将其使用价值扩展到最大化；最后，始终坚持创新原则。理由很简单，因为现阶段我国的基础建设基本上已经满足了各项需求，而在新时期所建设的诸项目面临着更为恶劣的建设环境，包括地理条件、地质条件、水文条件、气候条件等，因此，在"在逢山开路，遇水架桥"决心之下，依然需要在技术上寻求突破，从而克服水利工程建设中的困难，而这些问题应该在设计方案时作为注意事项进行综合考量。

三、设计方案应该通过技术验证

目前，在各项工程中均可以借助计算机相关软件实现仿真模拟，从而为设计方案提供可行性分析。以水利工程设计方案为例，即可以先应用CAD进行二维平面设计图的制作，然后利用3Dmax软件导入数据，建立起一个虚拟的三维模型。通过该模型可以应用透视法从不同的视角对水利工程设计方案的最终效果图进行评估。尤其是可以通过对其中的各项数据的测算评估其建设中可以遭遇的问题，提前做出各种预防性的解决方案，以减少施工实践中遇到问题时的研究时间，保障工程顺利进行。这种通过设计软件进行仿真评估的方法属于虚拟法，但其投入小、易实现、可视性极强、评估效果也非常好。还有一种技术验证属于实体验证，即根据设计图纸进行现实版本的模型设计，包括纸板模型、注塑模型等。在这种等比例缩放的模型设计中，可以更为直观的观察设计效果，并借助不同材料与负荷比例测算，以及对于周边场景的附带设计开展综合评估，以确保水利工程设计方案满足各项需求、符合设计诸原则等。

综上所述，新时期的水利工程建设具有现代特征，对它的需求应从多个角度进行分析；

同时，在水利工程设计方案实践中，除了满足各项需求与坚持各项原则，以及仿真验证之外，还应该从福利的角度切入，创造出能够代表时代精神与长治久安目标的设计方案。另外，在快速发展的过程中，由于忽略了生态与环境，很多项目不仅要推倒重来，还需为生存环境的恶化买单。所以新时期的水利工程建设应该吸取此类教训，从利国利民利子孙的角度创新设计，为我国水利工程建设提供一些具有高品质的设计方案。

第六节　水利工程设计在施工过程中的影响与控制

水利工程设计是水利工程实施的初始阶段，也可以说是最关键的阶段，一旦在设计阶段出现问题，将会直接影响到水利工程后期的施工质量，甚至会增加水利工程的施工成本和延长施工周期，造成没能按照合同规定日期按期交接工程。水利工程设计阶段的问题频繁发生，在很大程度上也制约了水利工程的发展，因此，在这种发展现状下，应采取有效的改进措施，切实有效地控制水利工程设计的质量，为水利工程施工的顺利进行奠定基础。

水利工程在设计和施工阶段，虽然是两个不同各阶段，但相互之间却有着密切的联系，能够保证两个阶段有效衔接，是保证水利工程顺利完成的关键。而从实际的角度上出发，水利工程在设计和施工过程中都将面临不同的风险。笔者结合自身多年的工作经验，主要针对水利工程设计在施工过程的影响展开分析，同时提出相应的控制措施，切实保证水利工程的经济性、质量性以及按期完成合同规定的施工周期。

一、设计阶段在水利工程施工过程中所发挥的作用分析

水利工程施工需要以施工设计图纸作为依据，结合施工图纸进行施工，这也是水利工程施工的重要法律依据。如果在水利工程施工过程中，未能结合施工设计图纸进行施工，私自擅改水利工程施工方案的，需要承担一切责任事故，同时，有任何问题都需要施工单位来承担。水利施工过程严格按照施工设计进行，可以对整个施工成本、质量、进度等进行很好地把控，可以说，水利工程施工设计对施工过程具有很好的保障作用。当然，设计阶段的好坏也将直接影响到水利工程成本。

二、水利工程设计要求分析

首先，在水利工程设计初期，必须对水利工程整个的工程建设进行可实施性的判断推理，保证水利工程设计的可行性。这也是保证施工设计质量的关键性因素；其次，设计阶段会给出各种参数，应针对这些参数进行准确的判断，是否符合水利工程施工设计要求，同时还要考虑到到实际施工现场，是否具备施工可行性，或是否存在相关性影响因素等；再次，水利工程设计阶段还应考虑到施工的安全性，要充分考虑到使用中可能出现的泥石流、洪水、山体滑坡等各种自然灾害，应设置较为完善的应对措施，避免对施工人员以及工程带来影响；最后，施工设计时要严格按照实际情况进行考虑，尤其是要考虑到施工过

程是否会影响到环境，是否会造成施工污染等现象，要通过科学的设计，有效地规避这些问题，保证水利工程的设计质量。

三、水利工程设计在施工过程中的影响分析

设计阶段存在风险因素。水利工程在施工过程中需要根据工程设计进行施工，尤其是施工图纸的设计，需要在施工中严格遵守设计规范，并严格按照施工图纸设计要求进行施工。而一旦在水利工程设计阶段出现设计问题，或是潜在一些设计风险等因素，都将直接影响到水利工程的整体施工。例如，施工图纸设计不合理，这样在施工过程中可能无法及时发现其中的风险，从而导致施工出现问题后返工的现象；或在发现风险之后需要更改施工设计方案，在这个过程中会消耗大量的时间，在很大程度上影响到水利工程的施工进度。

设计资金导致设计方案频繁变更。在水利工程设计的过程中，需要根据施工场地的实际情况进行设计，同时还要考虑到设计资金的问题，要求在保证设计方案合理、可行的基础上，将设计资金压缩至最低，低成本完成水利工程项目。但从实际的角度上考虑，在当前水利工程设计的过程中，很多可行、合理的设计方案在施工过程中，由于受到多种因素的影响，施工成本明显增加，导致成本预算超出原设计成本预算。因此，在这个过程中则需要对水利工程设计方案进行变更，这样就会导致水利工程施工无法继续进行，甚至造成施工不能按期完成。此外，由于资金的限制，其中会有很多施工环节无法正常进行，从而影响到水利工程的施工质量。

设计质量影响着工程施工的质量与成本及进度。质量、成本、进度是水利工程施工过程中重要考察的三大关，任何一方面不合格，都会影响到水利工程的正常投运，在保证施工程序严谨且严格按照设计方案施工的前提下，设计方案将占有主导权，施工将处在被动状态。设计方案的质量直接影响着水利工程施工的质量、成本和进度，通过大量的时间研究发现，受到设计的影响而引发水利工程施工质量、成本、进度等问题发生的案例不在少数。例如，在设计方案中所提到的施工材料并不合理，而继续用这种施工材料施工的话会直接降低水利工程施工质量。设计方案的不合理，其中会应用大量无关紧要的施工材料，或是在施工材料使用量上设计出现偏差，造成整体施工质量出现质量问题，同时也会直接增加施工成本。设计方案较为复杂，也会导致施工流程变得复杂，尤其是在遇到不同施工单位共同施工的情况下，施工单位之间相互配合不足，施工交接时间延迟，会导致水利工程没有办法按照规定的期限完成工程施工。总的来说，水利工程方案设计得是否合理，会直接影响到水利工程施工阶段的质量、成本和进度等，因此，必须重视水利工程施工设计。

四、有效控制水利工程设计阶段以保证施工阶段的顺利进行

严格审核施工设计方案。通过以上的研究了解到，施工设计阶段存在风险会直接影响到水利工程施工的顺利进行，甚至会引发一系列的质量或安全问题。因此，在面对以上所提到的水利工程设计阶段问题，应通过严格审核施工设计方案来保证设计方案的合理性、可行性，为水利工程施工提供可靠的依据。首先，水利工程设计单位应严格对设计方案进

行审核，严格把好设计关，坚决杜绝出现走关系、讲人情的现象发生，并要求审核人员应深入到施工现场进行勘察，并将其与施工设计方案有效联系到一起，才能及时发现水利工程设计方案中的不足之处，同时发现其中潜在的风险因素，并提出有效的改进措施，有效规避潜在的风险因素，从而保证水利工程施工的顺利进行；其次，要求水利工程设计人员应具备较强的专业能力，尤其是对水利工程方面知识的认识必须全面，这样才能更精确的发现水利工程设计方案中是否存在潜在的风险因素；再次，要审核人员具备较高的职业道德水平，并熟悉相关法律法规制度，避免出现送礼过关、买人情的现象，要求审核人员应铁面无私，严格按照审核制度来执行水利工程设计方案的审核工作；最后，为了避免水利工程设计方案审核出现走关系的现象，应由设计人员、审核人员、施工人员等共同参与到方案审核的监督工作中，避免作弊现象的存在，同时也能够由不同阶段的负责人及时指出其中的不足，以免影响到施工阶段。

实施设计招标制度。水利工程设计阶段不容小觑，尤其是设计方案会直接影响到水利工程的整体施工质量和进度，为了避免以上所提到的受工程设计资金短缺而影响到工程施工的正常进行。首先，应实施水利工程设计招标制度，并将水利工程的施工方案与经济方案相互结合，从设计阶段不断优化设计，不断降低工程的造价成本，为水利工程的顺利实施提供更为可靠的设计方案；其次，通过水利工程设计招标制度的实施，能够选取更优的设计方案，这样才能保证整个水利工程达到经济效益质量兼存的目的，并且以这种招标制度还能够达到优化水利工程资源配置，有着节省开支的作用，从整体上提升水利工程的施工水平；再次，要保证水利工程设计方案的合理性、可行性、经济性，则需要对水利工程整体造价进行更为全面的控制，这需要设计单位不断提升自身的设计水平，才能在设计过程中衡量各项因素，如市场因素、施工不可预测因素、隐性成本等，从而达到水利工程设计成本最低化，避免水利工程施工过程中设计方案的变更现象，保证施工阶段的顺利进行；最后，设计单位应在水利工程设计环节下功夫，要求设计人员必须保证工作态度认真，不能粗心大意，并在设计之前要求设计人员到施工现场进行勘察，充分考虑到施工现场的各项因素，才能对设计做出精准的预算和设计，为水利工程的顺利进行奠定基础。

重视勘察结合市场来保证设计方案的合理性、可行性及经济性。设计方案对水利工程的整个施工质量、成本、进度有着直接的影响，因此，要重视水利工程施工设计方案的合理性、可行性、经济性，要求设计人员必须严格进行市场现场勘察，并结合市场的发展趋势，如材料的价格等，再进行有效的设计，才能达到水利工程施工设计要求。首先，需要水利工程设计人员具备较强的质量意识，在设计过程中首先要保证设计方案没有质量问题，设计方案完成之后，应将其与施工现场联系到一起并进行详细的审核，及时有效的更正设计过程中可能出现的问题；其次，应加强水利工程设计的经济意识，要求设计人员必须进行实地考察，并通过大量查阅相关资料，充分做好设计前的准备工作，尤其是在设计过程中要考虑到施工阶段的气候以及施工场地周边的环境，应合理设计各个施工环节，并在设计中要结合实际合理选择施工工艺，保证设计质量的基础上，有效的降低成本；最后，应严格按照国家、省市政府以及相关地方政府单位批准的有关设计标准图纸、文件进行设计，在考虑到施工质量、施工成本的同时，还应考虑到该如何设计才能缩短施工周期，加快施工进度，从而快速达到水利工程的整体目标。

总之，水利工程设计对施工过程有着直接的影响，设计阶段更是在整个水利工程中有着举足轻重的地位。要保证水利工程的质量、成本以及进度，就必须重点从设计阶段考虑，这样才能在其过程中发现问题，不断完善整个工程的设计，充分考虑到各项影响因素，规避可预测风险，降低不可预测风险带来的损失，为施工过程提供有效的方案。笔者根据自身多年的工作经验分析以上内容，希望引起相关部门以及人员对水利工程设计和施工的重视。

第四章 水利工程设计优化

第一节 水利工程施工组织设计优化

如今随着我国的综合实力不断提高,在水利工程施工规模这一块相应的就在不断地扩大,一些新技术和新功能被广泛应用,随之,整个施工组织设计也跟着一起发生了大的变化。但是,对于水利工程的施工就会非常复杂,因为它要涉及诸多因素以及相关部门,而不同工种的施工阶段都需要相互之间去配合作业;另外,对于水利工程的施工来说有着时间紧迫和任务繁重的这些因素,那么应当在施工之前对其进行一个施工组织设计,另外还需要对水利工程施工组织设计完成一个优化。本节主要阐述了水利工程组织设计的一些特征通过分析,并浅谈一下笔者的看法。

一、关于水利工程施工组织设计这方面的内容和特点

在水利工程这样一个巨大项目的实施过程当中,其水利工程施工组织设计将起到一个非常重要的作用,须按照其基本规律来进行工程的建设,要根据水利工程的施工现场的一些实际情况做一个判断,以此制定出一套科学又合理的施工方案。下面就是其设计特点以及内容。

工程施工相关内容。根据诸多的实践表明,其内容主要就是工程概况和施工部署以及施工管理、施工方案、总施工进度、准备规划等等十几项措施。施工方案和施工部署的作用主要就是为了能够更好、更有效的去解决在施工过程中出现的组织指导思想与一些相关的技术问题,其重要性自然不言而喻,所以务必进行优化。

关于水利工程施工的热点以及对于组织设计进行优化的一个必要性。水利工程这个项目的建设规模几乎都是巨大的,其建设周期也相对很长,而一个整体的建设项目一般要分成好几个工期分别进行施工,也因此而耗费不少的时间。这是一项极为复杂又系统的工程项目,从水利工程的设计到施工,其每一个环节会经过数个专业部门,通过不同工种进行一个联合施工;另外,在进行水利工程这个项目的施工建设时会采用一些大型的机械设备,而在施工现场就会出现人工和机械混合作业的复杂情况,如此一来也给水利工程安全施工加大了管理难度。那么我们就必须制定出一套安全的施工系统,以保证水利工程这一项建设的施工程序能够顺利的进行。

二、对于水利工程施工组织设计的一种有效策略需要得到进一步优化

应当将网络技术引入其中。现如今我国的经济实力正飞速发展着，尤其是计算机网络技术，那么我们就在水利工程施工组织设计优化里将现代计算机网络技术引入，这样一来，水利工程施工组织设计其中的可行性以及实效性就能够得以提高。计算机可以给水利工程施工组织设计提供更加完善的现代数学模型，可以借助计算机网络技术进行计算绘图和优化以及在实际过程中的一种跟踪控制的作用。而一些比如人力资源以及财务等等如果仅凭传统的计算方式是无法进行的，所以计算机网络技术起到极大的应用。而使用计算机网络技术就能更及时、快速、高效、资金耗费低等等诸多优点。

对于新技术和新材料以及新工艺要加以应用。我们需要在实践过程中去挖掘去学习以及经验的总结，对于现如今的一些先进工艺技术要加以利用。那么在水利工程这一项施工建设当中就应当把现代的新工艺和新技术以及新材料和新机械更为充分地应用到整个工程的实践中去，以此来实现其科学化和现代化以及经济实效化等。

要对技术经济这方面进行深入分析。技术经济分析在施工组织设计当中是作为一项极为重要的内容，也是一种极为有效的手段。在水利工程施工组织设计这一进程当中，经济分析所起到的主要作用就是分析设计出经济是否合理，在技术上能否具有可行性。技术经济对于工程数据进行了一个计算和分析，从中将最经济的一套技术方案挑选出来，这样一来就最大程度地保证了施工项目的经济效益以及社会效益。

将工作人员的素质增强，严格把守层级关系。对于施工组织的人员进行一个综合素质方面的优化，以至于在实际的施工工程当中让他们认识到身为施工人员自身的一种使命和责任。同时还需要做好检查与监管工作，要严把层级关，这样才能让整个水利工程施工设计里的一套可行性与有效性的方案进行优化。要想确保水利工程施工组织的设计方案能够得到最大效果的发挥作用，其组织人员也要做好严把层级关，把相关信息能够最有效的整理并发布，要有精减原则，从而避免了一些重复的劳动率。

将施工组织设计的一个深度和范围加以扩大。我们对于水利工程施工组织设计优化这一进程当中，要更准确有效科学的评估出组织设计出来的图纸中的经济性和合理性，要达到组织设计和具体施工技术呈现一体化的状态，将技术的转化得到加快，如此一来，就能将新技术的成果在整个施工组织设计这一过程当中更加有效的去应用。对于现代的科学信息技术我们要去大力的进行研发以及运用，对于这一个基础要实现在水利工程施工组织设计之中的信息化和自动化以及机械化和施工技术这方面的模块化和系统化，唯有如此我们才能更大的将经济效益实现，才能更加扩大施工组织设计之中的深度和范围，并以此来将施工企业的核心竞争力增强。

综上所述，我们对于水利工程的施工组织设计进行一个全面的优化，那么对于这个工程建设来说就是具有极大意义的以及一个非常重要作用的。所以我们得加强思想上的重视以及对于技术创新的优化，我们要引入更多的先进的技术与工艺，也只有如此才能最大的保证水利工程建设该项目上面的施工安全性和实效性。

第二节　生态水利工程设计中的问题及优化

生态水利工程的设计隶属于生态学科范畴，而水利工程师承担设计的责任，由此可见，工程师自身水平同工程项目设计的质量存在紧密联系。目前，大部分中小型水利工程项目的设计并不完善，严重影响了工程项目的施工安全与质量。为此，要想推进水利工程项目的落实与建设，就必须要提高其设计的质量，只有这样才能够进一步推动水利工程项目的建设。本节将生态水利工程设计作为研究重点，阐述了其中存在的问题，并提出了有效的优化策略，以供参考。

生态水利工程是水利工程中的重要组成，所以，不仅要满足大众的需求，同样还应当全面研究生态系统发展原理及相关技术方法。其中，生态水利工程就是在水利工程项目设施建设过程中，高度重视生态河流系统的有效修复。针对竣工工程项目，应当重视受工程建设干扰河流的生态修复。基于此，实现生态水利工程与污染治理技术、清洁生产方式和环保法规的有机结合，形成系统化预防与河流保护措施，而这同样也是河流生态建设方面最为实用与常用的方式。

一、生态水利工程设计工作的基本原则分析

安全性与经济性。于生态水利工程而言，其最大的特点就是综合性。在对河流及水域进行治理的过程中，不仅要不断的满足大众具体需求，同时，还应当全面保护生态系统，始终贯彻并践行可持续发展的理念。从原理角度分析，生态水利工程需要与水利工程学和生态学相关要求相吻合。而在实际建设方面，同样要遵循工程力学与水文学等规律，以确保工程设施更加稳定与安全。另外，在设计工程设施时，一定要处于设计标准的规定范围内，可以保证对自然载荷进行承受。基于此，在设计方面需要灵活运行河流地貌学，使得河流断面与纵断面设计更加科学合理。

河流形态空间异质性的全面提升。所谓的生物群落多样性，具体指在物种水平方面，生物具有一定的多样性特征。其中，在特定区域内，如果空间异质性相对较高，可以证明具备构建若干小环境的能力，进而为物种的生存提供充足空间。相反，如果非生物环境单一，必然会影响生物群落多样性，与此同时，群落密度与比例，甚至是性质都会随之发生变化，最终使得生态系统功能逐渐退化。

自我设计和自我恢复。对于生态工程设计工作来讲，从本质上就是指导性的设计，通常也被称之为辅助性设计。合理地运用生态系统自组织与自设计功能，可以保证在自然环境中选择最佳生物的物种，全面优化结构、提升设计效果。根据成功工程案例的调查与研究，自然和人工所占比例是均等的。对于传统水利工程项目的建设，主要目标就是要合理控制自然界水域以及河流。为此，在设计生态水利工程的时候，设计工作人员不应当将控制自然作为出发点，而是要对全新工程建设的理念进行合理地运用，同时，针对系统自身

设计与组织的能力进行灵活运用，可以更好地实现人和自然共生的目标。基于此，建设生态水利工程还必须要对因地制宜这一理念给予高度重视，赋予所有河流美学价值并尊重大自然的属性，以保证制定出科学合理的生态工程建设方案，提高工程设计的质量。

二、当前生态水利工程设计存在的问题

设计内容方面。目前，水利工程项目的建设严重缺失规范性与统一性特征。由于我国生态水利工程发展时间不长，所以，在设计标准方面并未统一，也没有实现标准化。其中，在设计方面仍然将传统的水利工程项目的建设标准作为重要参考依据，严重制约了生态水利工程的建设。以计算生态需水量为例，仍然采用的是行业指导文件中提出的方法，所以，这种新型的水利工程设计始终没有实现实质性改变。另外，在设计河流护岸方面也始终存在问题，生态修复技术以及方法的应用并不具备科学性。由此可见，生态水利工程项目的设计内容有待完善。

设计审核方面。目前，在建设生态水利工程项，一定要严格审核设计内容。通过审核设计能够尽可能保证设计工作的科学合理。目前，大部分设计单位将更多的精力放在经济利益方面，所以，并未对社会与环境生态效益予以关注。在这种情况下，生态水利工程项目的设计审核很容易受到人为因素的影响，使审核工作科学性下降，同样也说明了设计单位的责任感严重缺失。为此，审核工作很难充分发挥自身功用，进而对生态水利工程项目的设计与建设工作带来负面影响。

设计工作人员能力方面。在生态水利工程设计过程中，工作人员专业能力发挥着关键性作用。但是，在项目设计方面，工作人员自身的生态意识十分淡薄。而设计工作需要设计工作人员树立生态理念，并且可以熟练掌握并灵活运用设计知识、践行生态意识。然而，我国生态水利工程建设的发展时间不长，同时，生态环境技术工作人员和工程项目建设工作人员的沟通与交流并不多。这样一来，生态水利工程的设计人员在设计工作中，就没有生态理念作为参考，严重影响了工程项目的设计工作。除此之外，生态水利工程的设计人员在设计方面，受生态意识薄弱问题的影响，并未充分考虑生态环保材料的使用问题，所以，同样对生态水利工程项目的设计与建设带来了负面影响。

三、全面优化生态水利工程项目设计的具体策略

始终遵循规范要求设计内容。在增强水利工程项目设计水平方面，设计工作科学与专业性发挥着不可替代的作用。而在这一过程中，不仅要确保设计图纸本身规范化和科学化，确定出各项尺寸并详细标注与说明，与此同时，还应当保证标准的准确性。另外，对设计内容中的编制说明给予高度重视，详细地了解工程项目状况，对编制依据与材料价格，包括施工需求都应进行确定，不允许出现模糊不明确的问题。基于此，一定要确保工作人员与机械设备材料以及施工材料价格报表的合理，而上述价格需要始终根据施工区域具体情况予以全面地编制，严禁套用原有报表而获取不正当的经济效益。

强化设计审核科学水平。为了全面保证水利工程的科学与合理，设计审核环节是不可

缺少的。同样，只有实现设计审核工作的有效性，才能够全面增强工程项目设计工作的效果。为此，审核单位一定要确保自身的独立性，以免受其他施工单位的影响或者是控制而对审核结果产生不良的影响。与此同时，应全面增强审核工作人员自身道德水平，全面培养社会主义荣辱观，以保证审核人员对待工作更加认真。基于此，在开展审核工作的过程中，一定要具备长远目光。究其原因，水利工程投入使用的时间很长，因此，必须要保证审核工作的前瞻性，对关于审核的内容进行及时的更新，灵活运用先进软件和硬件工具，最终降低设计审核工作出现漏洞的概率。在这种情况下，还能够全面增强审核工作的具体性以及准确性，规避不必要麻烦，以免延长施工工期。

全面培养设计工作人员的专业素质。设计工作在水利工程设计过程中的作用不容小觑，因此，必须要全面增强水利工程设计工作人员自身的专业设计能力及素质，只有这样才能够充分发挥其自身价值。其中，在水利工程项目设计工作人员聘请方面，一定要对其素质进行全面核查，以考试评估的形式对其设计水平进行检查。与此同时，应当合理设置准入门槛，确保其专业水平符合要求。另外，应当合理地设置培训机构，组织相关人员参与业务培训，以有效地强化其工作能力，最终增强设计方案内容的科学可靠性。基于此，需要严格考核设计工作人员的道德素质，培养其科学文化与思想道德素养，推进其自身全面发展。

综上所述，在社会可持续发展过程中，生态水利工程项目的建设发挥着不可替代的作用，可以为国民经济发展奠定坚实的基础。因而，实现生态水利工程项目设计的合理性，确保项目建设的顺利开展，获取最佳经济效益，实现生态与社会效益的兼顾。本节主要针对生态水利工程设计的相关问题展开了详细地阐述与研究，希望为设计工作提供有价值的理论依据，进一步推动生态水利工程的建设，实现水利事业的可持续发展。

第三节 水利工程中混凝土结构的优化设计

随着科技和经济的持续进步，水利工程已经逐渐变成目前我们国家十分重视的对象之一。在进行施工的时候，其工作主要包括水闸、渡槽以及溢洪道方面的处理，以此防止有任何洪涝或者干旱灾害出现。由于水利工程的整体规模相对较大，同时工期也非常长，使得施工难度变得非常高。为此，相关人员理应对其混凝土结构的设计工作展开优化，进而提升工程的整体质量。本节阐述水利工程混凝土结构的主要概念，探讨当前存在的主要问题，并对于结构设计的具体优化方面提出一些合理的见解。

从现阶段发展而言，水利工程对人们的正常生活带来了诸多影响，甚至在一定程度上直接决定了我国整体经济增长。为此，相关人员必须对此提高重视程度，通过应用合理的方法，对原本的混凝土结构进行优化，进而提升工程建设以及管理的效果。

一、水利工程混凝土结构的主要概念

水利工程的内容和结构要求。水利工程主要是用于控制和调配自然界的地表水和地下水,达到除害兴利目的而修建的工程。水利工程建筑的整体规模非常大,而且工期很长,在实际修建过程中,往往会有大量问题出现。单从近些年应用率相对较高的混凝土结构而言,其对促进水利工程的稳定性方面提供了诸多帮助。但是,其结构设计方面仍然属于一类具有很高技术性的工作,往往很难对其进行合理把握,很容易会有大量问题出现。

混凝土结构的主要特点。在水利工程建筑之中,混凝土的结构尺寸相对偏大,整体跨度较小,和其他建筑物的混凝土结构设计需要的配筋率相比,实际取值非常小。但是数量比较大,大体积的水工混凝土结构水泥水化热比较大,当外部的温度产生一定变化之后,很容易导致其产生裂缝,所以在设计的时候,需要额外配置一些温度钢筋。部分混凝土的结构需要全部浸入水里面,或者冻融,因此其耐久性相对较差。目前,我国的水利工程建筑仍然存在大量很难进行计算的因素,使得其结构设计缺乏合理性,对工程本身的质量带来诸多影响。

混凝土结构的具体应用。伴随经济水平的提升,钢筋混凝土的应用率越来越高,最具代表性的便是长江三峡水利枢纽工程和南水北调工程。而伴随技术的发展,施工的难度也在不断上升,混凝土内部结构设计有大量需要优化以及提升的地方,尤其是在一些地形相对较为复杂的地区,混凝土本身的稳定性很容易受到影响,导致开裂问题产生,从而影响施工建筑本身的质量。基于这一情况,设计人员理应对其结构方面展开优化设计,进而保证工程本身的质量。

提高工程水利质量。水利工程利及千秋万代,其工程质量至关重要。混凝土的粘聚性使混凝土结构的密度增大,结构性质趋于稳定,同时混凝土抵抗重压、抻拉、弯剪等作用力的能力较强,不易变形,能够确保水利工程结构的稳定性。此外,混凝土结构相较于其他土木结构而言,还有良好的耐久性和耐火性,可以抵御较长时间的外力侵蚀,因此混凝土结构能够有效提高水利工程建设质量。

二、水利工程混凝土结构存在的主要问题

材料配比缺乏稳定性。混凝土是由胶凝材料、粗细骨料、水及其他外加剂按照适量的比例配制而成的人工石材。因此,在进行施工的时候,如果材料的配比存在问题,很容易造成混凝土的强度等级有所下降。在实际施工的过程,会导致其表面出现麻面以及气孔等问题,同时也会对混凝土内部结构带来严重影响。例如,如果在实际搅拌的时候,发现砂石材料占有的比例过高,很容易造成混凝土在搅拌中因为骨料过于集中,而使拌和物出现离析以及混凝土料变干甚至硬化的情况,进而对其牢固性带来严重影响。

其他构件的设计缺乏合理性。在目前的水利工程之中处理地下管网时,通常主要采用"一洞多机"的布局方案。然而在进行岔管设置时,其对混凝土原本的机构设计有着非常高的要求,同时当前也没有形成相对较为完善以及实际的混凝土岔管设计准则。基于这一

情况施工人员自然很难对混凝土岔管设计中的承压能力进行了解，并且在较为复杂的地貌中以及计算过程中，造成设计不合理的情况发生。如此一来，混凝土本身结构的安全性会受到严重影响。

衬砌很容易出现渗漏。现阶段，我国的水利工程在实际施工的时候，混凝土结构设计存在较为明显的问题，也就是在进行衬砌的过程中，由于设计缺乏合理性，从而造成渗漏情况出现，对渠道工程的安全性带来诸多影响。总体而言，在进行衬砌施工的时候，之所以会出现渗漏，其主要是因为混凝土结构出现裂缝，而造成混凝土产生裂缝的原因主要包括四个方面：第一，在对混凝土模板进行设计的时候，缺乏足够的合理性；第二，在开展通道施工的时候，具体位置的选择存在较大的问题，岩土工程上方一旦有沉降情况出现，很容易对衬砌带来巨大压力，造成裂缝产生；第三，混凝土本身原材料存在问题，质量没有达到预期水平；第四，在进行混凝土运输以及搅拌的时候，并没有按照规定要求对其进行养护。

三、水利工程混凝土结构设计的具体优化

合理选择混凝土材料。一般而言，施工材料之中，碎石和砂石都处在考虑的范围之内，为了确保可以选到优质的混凝土，理应对实际选择的材料进行检测和试验。如果其参数满足施工的基本需求及规范，才能够将其运入现场，以此确保混凝土本身的结构质量。由于水泥很容易产生水化反应，从而影响其质量，造成这种问题的主要原因便是随时会内部存在大量有害物质，如果没有及时处理，会造成混凝土本身的强度有所下降，并对工程建设带来巨大影响。在进行配比的时候，同样需要进行检测和试验，以此对其最佳配比进行明确。

提升结构设计水平。首先，为了确保基础资料内容具有足够的精确性和完整性。在针对水利工程结构展开设计的时候，应参照我们国家的相关规定，完成相关资料信息的收集工作。当资料收集结束之后，还要对其展开严格审查，如果有任何资料存在问题，都不予以使用，以此确保资料足够准确。

其次，设计人员还需要对结构内部的等级标准予以明确。在进行等级标准确定的时候，需要对实际规模以及效益和类别分别展开考虑，以此确保等级标准本身具有足够的科学性价值。同时，还要对水利建筑物的结构设计等级标准进行明确化，一方面能够有效的完成成本控制，另一方面还能提升工程的整体质量。

再次，对现有的监理制度不断优化，提升其完善性。通过运用合理的监理制度，可以对建筑结构设计的整个过程完成监督和管理，同时还要对结构设计中存在的问题进行了解，确保其设计工作具有足够的科学性。不仅如此，完善监理制度一方面可以保证工程施工本身的连续性，另一方面还能防止在生产过程中会有断点问题产生。

最后，设计人员理应提高对于强化水利工程结构硬件的重视程度。在进行结构设计的时候，仍然有大量工作需要使用相关设备才能完成。基于这一情况，为了保证工程结构本身的质量，理应提高对于强化硬件方面的重视程度，改进其中的不足，推动水利工程产业快速发展。

做好裂缝控制工作。设计人员需要对裂缝的优化控制设计方面予以重视。通常而言，需要将工程本身运行的环境、水文的压力以及地势存在的压力等要素全部考虑进来，以此思考混凝土结构本身的承受能力，在此基础上选择与之相匹配的钢筋和混凝土。除此之外，还需要做好水利工程弯拉构件的质量控制，尽可能选一些满足其条件的杆件，并对施工过程中的裂缝宽度予以全面控制。

四、预防水利施工中混凝土结构裂缝产生的措施

水利施工中混凝土产生结构裂缝时，相关人员应首先查明裂缝产生的原因，全面了解裂缝的类型。在此基础上，对工程中混凝土的结构裂缝进行一系列的分析研究，选择出最适当的方法来处理裂缝。为了减少混凝土裂缝的产生，应降低混凝土的外部约束以及由于对于混凝土的非线性降温和收缩而产生的拉力，提高混凝土的抗拉能力。一般而言，对于混凝土裂缝的控制应主要集中于以下两个阶段：①设计阶段。设计人员应在全面了解混凝土的强度等级、种类以及建筑物的建筑结构等的基础上，进行对混凝土结构裂缝的控制。②施工阶段。在对建筑物进行施工的过程中，施工人员一般用加入外加剂的方式来降低水泥的热水化现象，进而降低水泥混凝土的内外温差，防止施工中混凝土结构裂缝的形成。由于水利工程关系着我国居民的生产生活，具有非常重要的作用，所以我国政府颁布了一系列的规章制度来对其建设过程进行约束。现阶段，我国的水利工程施工混凝土结构各项指标都处于高要求状态，大多采用泵送混凝土，因此对建造所使用建筑材料的合理配比成为预防混凝土结构裂缝的基础。在对水利工程进行施工的过程中，应注意对水灰比、砂石率等的优化，设计出最合理的施工方案。

综上所述，在水利工程之中，混凝土材料的应用率越来越高，其质量控制也成了焦点内容，从现阶段的实际情况而言，仍然存在一定的问题。为此，设计人员必须通过应用合理的方式进行处理，进而提升工程的整体质量。

第四节　水利工程项目中倒虹溢流渠的设计优化

本节以实际工程为例，对倒虹溢流渠设计过程中的难点进行了分析，然后对倒虹溢流渠的优化措施进行了分析和探讨、分析证明，溢流堰使用台阶式消能设计可以在不增加工程投资成本的情况下，使溢流堰末端水流速度快速下降，取得了良好的优化效果。

在进行倒虹溢流渠道设计时，通常会使用水跃和挑流的方式来形成消力池和面流，进而达到底流消能的目的。在溢流时，为了避免出现空蚀破坏的情况，要布置掺气设施，极大地增加了设计难度和施工难度。而如果使用台阶式消能方式，可以将陡坡底部划分成若干个尺寸一组的台阶，进而使水流变成掺气，导致水深变大，从而使水流速度下降，降低施工难度。本节重点对倒虹溢流渠道的优化设计进行了分析和探讨。

一、工程概况

金遵干渠 1 标段布置倒虹管 4 座，总长 7.392km。张家屋脊倒虹管进口接上游渠道（桩号金遵 3+264），穿越 720 县道，出口接下游渠道（桩号金遵 3+661）；雷打坝倒虹管，进口接上游渠道（桩号金遵 4+989），出口接下游渠道（桩号金遵 7+011），单根管长 2002m；龙窝寨倒虹管进口接上游渠道（桩号金遵 10+235），出口接石板溪隧洞进口（桩号金遵 10+551），单根管长 377m；偏岩河倒虹管进口接上游渠道（桩号金遵 20+485），横跨偏岩河，出口岩孔支渠分水，接下游渠道（桩号金遵 25+142），单根管长 4861m；倒虹管设计流量 $3.3 \sim 8.0 m^3/s$。

二、管道建筑物工程水文地质情况

地质情况。本工程的倒虹管槽谷两岸坡基岩局部出露，进、出口两岸坡覆盖层为残、坡积黏土夹碎石，厚度 0.5~2.0m，槽谷底部覆盖层厚 3.0~4.0m，下伏基岩为 T1m1 灰色中厚层灰岩，岩体强风化厚度 2.0m 左右；该段未发现较大不良地质构造发育，岩层产状为 80°∠8°，地下水类型为岩溶溶隙水，埋藏较深，倒虹管基础高于地下水位。

倒虹管镇墩置于基岩上，沟谷部位可置于黏土层上，下伏地层为岩溶地层，岩溶不良地质作用较发育，对施工过程中揭露的溶沟、溶槽等应进行深挖回填处理，拟建渠道、张家屋基倒虹管以及云盘山隧洞大部分洞段位于龙凤井田煤矿勘探界内。

气象特征。本标段距离金沙县城较近，以金沙站为标段的气象代表站。根据金沙气象站资料统计，多年平均降水量为 1042.8mm，多年平均气温为 15℃，极端最低气温为 -6.8℃，极端最高气温为 37.9℃。最大积雪深度为 11cm，多年平均日照时数为 1095.2h，多年平均相对湿度为 81%。多年平均风速为 1.4m/s，全年以 SE 风居多。

洪水特征。标段区域洪水具有以下特性：洪水是由暴雨形成，多集中发生在 6~9 月，具有陡涨缓落、峰量集中、涨峰历时短等山区性河流的特点，同时还受到暴雨分布、暴雨强度、暴雨历时和岩溶等的共同影响。跨河渠系建筑物设计洪水标准 30 年一遇，校核洪水标准 100 年一遇。本标段倒虹管所跨河流最大跨度和最大流量的为偏岩河倒虹管，偏岩河倒虹管防洪标准为 20 年一遇，度汛标准为 10 年一遇，其余跨冲沟建筑物，冲沟流量和洪水较小，可参照偏岩河取防洪和度汛标准。

三、水利工程倒虹溢流渠设计优化

在进行倒虹溢流堰设计时，受地形因素的影响，设计使用正向溢流堰进施工。也就是说，倒虹管线上部布置溢流堰，并使其和管线轴线保持相同。在设计溢流堰时，设计为宽顶堰，顺着水流方向设计宽顶围堰的长度为 0.6，隧洞出口和上游连接，下游使用 1:1.2 的陡槽连接到河道深泓点四周的消能池进行消能。

沿河道水流方向布置消力池段、陡槽段，布置长度为 3.4m，该河道设计深泓点位置的高程值为 787.72m，在对管线段水力进行计算后证明，本工程宜将溢流堰顶高程设计为

801.5m。溢流渠道原设计使用消力池+陡槽+宽顶堰的方式进行施工。结合宽顶堰过流能力进行分析,在保证该倒虹溢流渠道过流能力的基础上,分析计算了宽顶围堰末端水深深度,然后和临街水深进行了对比和分析,并计算出了陡槽起始断面的水深值。经过计算,本工程陡槽设计断面的深度为0.44m,设计水流速度为2.31m/s。结合上述计算后得到的结果,对陡槽段水利要求进行推算和分析,通过计算陡槽段的水力可以将陡槽对应的跃前水深和陡槽末端水流速度进行计算,并将计算结果作为消力池设计的基本参考依据。结合该工程的实际情况,设计陡槽的长度为14.88m。随着陡槽段平均水流速度不断增加,水的深度值也随之变小。设计陡槽末端平均水流速度为13.29m/s,水流速度比较快。原方案要求将掺气设施布置在陡槽末点,为了避免出现空蚀空化的情况,需要对施工质量进行控制,降低负压,并持续使表面保持平顺、光滑。

原方案虽然对地形因素的影响进行了考虑,并设计使用消力池+陡槽+宽顶堰联合溢流消能,但并没有充分考虑到陡槽末端水流流速过大的问题,所以该方案会破坏溢流段水流流态,并缩短倒虹工程的使用年限,进而对工程运行的稳定性和安全性造成影响。

四、倒虹溢流渠设计优化

台阶消能工消能特点。相较于传统的底流消能、面流消能和挑流消能相比,台阶式消能指的是将下泄陡槽中的斜坡使用台阶取代。如此一来,就相当于增加了溢流渠表面的粗糙度,并使各个台阶处的泄水流产生非强烈的旋滚,从而产生大量的掺气水流,增大下泄水流的紊动,进而使水流能量被消耗掉一部分,从而使陡槽中的水流条件得到改善,使消能得到简化、台阶式消能和多级跌水消能以及单纯的陡坡消能不同,如果单台阶尺寸太小时,台阶附近有水流经过时不能充分产生旋滚,无法确保消能效果可以达到要求。当单台阶尺寸过大时,水流从台阶附近经过时,会降低流速,当水流完全贴壁流过时,依然不能产生掺气水流,影响消能效果。

优化原设计方案:

方案1。保持宽顶堰体结构的原体型,并将陡槽段坡比变缓至1:2,不仅能够使消力池尺寸变小,而且可以使陡槽末端水流速度变慢。

方案2。保持宽顶堰体结构原体型,然后对陡槽段位置用台阶式消能措施进行优化,此方法可以使槽段保持原设计坡比,通过采用台阶式消能粗松进行陡槽底板的处理,可以取消或者减小消力池。

通过进行分析发现,这两个方案都可以使陡槽段流速降低,而且也都可以实现施工。但在使用方案1进行施工时,由于周围地形和溢流段地形衔接平顺性差,导致凸起量过大,而且可以使河道行洪断面降低,出现局部雍水的情况。通过进行计算,方案1坡比放缓后,河道行洪断面由41.5m缩小至35.6m,河道断面水面积降低了14.2%,使倒虹断面洪水水位升高了0.36m,为了保证四周建筑物的结构安全,需要进一步抬高建筑物的设防高程,从而使工程的投资变大。

在采用方案2进行优化时,不会对四周建筑物设计产生影响。因此,本工程采用方案

2 进行倒虹溢流渠的设计和优化。

综上所述,在进行水利工程项目施工过程中,倒虹溢流渠优化设计过程中,采用台阶消能可以大幅降低陡槽末端断面流速,通过进行优化后,断面末端的流速为设计方案的30%。通过采用台阶式消能施工取代陡槽消能,可以使消能效率得到显著的提升。原设计方案设计末端的水流速度为 13.28m/s,通过进行优化设计后末端水流速度降至 4.06m/s,减少了倒虹溢流段消力池尺寸,而且防空蚀设计被取消,在地形因素的约束下,使溢流消能设计得以简化,同时大幅降低了工程投资。

第五节　水利堤防工程软土地基处理环节的优化

对水利工程中软土地基的性质进行分析,介绍堤防结构使用期间造成失稳的主要原因。重点探讨工程建设任务开展治理软体基层问题的有效方法,为施工任务开展提供稳定的保障,基层处理技术落实后,水利工程运行使用也更安全稳定。

一、关于水利工程软土地基的性质的分析

堤防工程建设阶段,地基处理是保障工程质量的重要环节,原基层中存在的松软土壤会影响到堤防部分的稳定性,并且不经过处于直接进行施工的基层渗透性也达不到规定标准。软土问题是水利工程建设中常常会遇到的,影响也是十分严重的,造成此类现象的原因是由于基层土壤颗粒之间的间隔距离比较大,承受重力后沉降程度也不均匀,容易造成建筑结构裂缝,因此在工程建设阶段需要对软土基层进行加固处理,提升使用安全。黏土是定义孔隙在 105 以上的土壤,水分含量比较大,如果基层不经过处理便投入到使用中,结构的抗剪会因此而降低,达不到预期的安全使用年限。针对这种现象,建设前要对基层进行排水处理,确保土壤中的水分含量在合理范围内,要保障排水渠道的畅通性,对软土部分施加压力能够加快积水的排出速率。

检测基层的抗剪能力,判断是否在合理范围内,让软土基层的结构出现变化后应力也会因此而改变,随着施工任务的深入,对软土基层的处理要不断地检测受力形式变化,如果抗剪能力低于预计标准,要及时采取修复方案。建设期间要尽量减少对黏土层的扰动,需要加固可以采用灌浆技术来进行,维持受力平衡的前提下减小土壤颗粒之间的缝隙,达到加固效果。浆料中的含沙量关系到渗透性,在计算配合比时可以通过试验来完成。杂填土使用也比较频繁,是通过对工业废弃物质加工处理制成的,由于成分比较复杂,在结构上并无规律,要加强对结构的控制,才能够避免出现结构强度不足的问题。

二、关于软土地基上堤防失稳的破坏原理的分析

地基只有维持在平衡的受力状态才能够承载重量,并且不会对结构造成破坏。堤防部分失稳必然是基层平衡性受到影响,例如,剪力超出了剪应力的承受范围,恶劣环境因素

造成的基层水土流失以及结构裂缝，这样的基层不能为堤防结构提供支撑。失稳现象引发的原因主要是强降雨，冲击作用下基层土壤的平衡性会被打破，积水会继续渗透，最终造成堤防结构探讨。季节温度变化严重也是引发此类问题的原因，在工程建设任务开展期间并没有进行基层防冻保护，冬季寒冷干燥的气候环境下基层土壤会被冻裂，解冻期间堤防结构受基层影响会受到剪力，最终造成严重的质量隐患。上述问题通过技术方法都是可以避免的，要在工程设计期间引入环境变化因素。

三、关于软土地基上筑堤常用的地基处理方案的优化

堤身自重挤淤法。基层结构自身是存在一定重量的，这种重量会作用在基层，土壤中存在的积水也能因此而排出，泥土结构更稳定。挤淤法是利用建筑结构自重来提升基层稳定性的常用方法，不均匀沉降对基层影响十分严重，但这种现象也是可以通过技术来解决的。堤防部分建设前，利用堆石方法来增大对土壤的压力，淤泥以及黏土中的水分会迅速排出，并且土壤之间的缝隙会减小，正式使用后出现裂缝的概率更小。淤泥在重力作用下会被挤走，这样的技术方法节省了大量基层清理消耗的时间，并且具有操作过程简单、成本低的特点。需要注意的技术要点是堆石的方向，观察受力点是否在合理范围内。对边坡施加压力也有助于淤泥的排出，并且能够更有效地提升基层稳定性。采用石料回填的方法来提升基层承载能力时，所选择的石料要具备性质稳定，不容易风化的特点，这样才能够保障使用阶段的安全性。

垫层法。对于软土问题严重的基层，采用垫层法能够迅速完成加固任务，达到规定的使用标准。原理是在松软基层表面铺设一层隔离层，进行回填处理，选用人工碾压处理的碎石，石料在尺寸上要保持一致，并与沙土混合在一起，这样在承载能力与渗透性能两方面都得到了保障。要注意铺设的位置是否能够达到使用标准，挖方不易过大，否则会造成工程稳定性受到影响，也可以根据使用需求向材料中添加一些化学外加剂，控制流动性与凝固时间。垫层要在不影响基层排水的前提下来进行施工，针对排水部分要采取有效的保护措施，以免在施工中受到挤压出现损坏现象，影响积水流出。

垃圾清理。堤防结构建设期间要对基层进行垃圾清理，针对植物根系与表面的杂土来进行，这样垫层铺设时才能更好地与原基层融合在一起，避免出现质量隐患。垫层技术应用也要考虑原基层的土壤形式，如果其中存在大量的软黏土，会影响到承载能力，需要先对软土进行清理，再铺设垫层，这样才能够达到排水的使用标准，并且基层也不容易出现沉降不均匀的现象。振冲法能够有效解决上述问题，利用振动冲水来加固软土，使承载能力可以达到规定标准。流变特性很强的软黏土、泥炭土，不宜采用此法。振冲法是利用一根类似插入式混凝土振捣器的机具，称为振冲器，有上、下两个喷水口，在振动和冲击荷载的作用下，先在地基中成孔，再在孔内分别填入砂、碎石等材料，并分层振实或夯实，使地基得以加固。用砂桩、碎石桩加固初始强度不能太低，对太软的淤泥或淤泥质上不宜采用。

应用粉煤灰能够有效地提升基层渗透性，与混合浆料配合使用对基层的加固效果更加

明显，在这一过程中要严格控制浆料的流动性，并确保全部喷射到指定位置。我们日常所说的旋喷法是一种通过对旋喷机应用，确保旋喷桩环节的有效应用的一种提高地基的承载能力的方式。旋喷桩是将带有特殊喷嘴的注浆管置于土层预足深度后提升，喷嘴同时以一定速度旋转，高压喷射水泥固化浆液与土体混合并凝固硬化而成桩。所成桩与被加固土体相比，强度大、压缩性小。适用于冲填土、软黏土和粉细砂地基的加固。对有机质成分较高的地基土加固效果较差，宜慎重对待。而对于塘泥土、泥炭土等有机质成分极高的土层应采取禁用措施。

强力夯实。需要借助机械设备来完成，选择重量适中的碾压设备，在重力作用下基层土壤之间的缝隙会减小到工程标准范围内，并且使用稳定性有明显的提升。经过反复多次碾压，能够达到夯实标准，这种处理方法更高效稳定，并且能够保障夯实的均匀程度，不容易出现裂缝现象，排水环节也更方便进行，碾压期间要保障设备的作业能力，并计算时间与运行速率。

土工合成材料加筋加固法。将土工合成材料平铺于堤防地基表面进行地基加大，能使堤防荷载均匀分散到地基中。

水利堤防系统的健全，离不开对水利堤防工程软土地基处理环节的优化，这是经济建设的需要，也是保证工程质量的提升的需要，因此我们要确保其内部系统相关环节的有效协调。

第六节　水利工程涵洞的优化设计

我国作为农业大国，在农业经济发展中，不断加大投入与开发，全面推动农业经济向现代化方向发展。随着各项水利工程的建设，全面改善了农业生产环境，使农业阶段进程得到良好控制，农业生产中对各类水利工程的需求越来越大，水利建设过程中，必不可少的是涵洞建设。好的设计才能建设出好的工程，涵洞设计符合通过需要，才能更好地展现出水利工程的效能，使水利通过能力得以提升。对于涵洞的设计，在不同水利工程中，有不同的概念与设计思路，只有全面把握好当地自然环境特征，才能设计出高品质的涵洞，符合实际应用，符合自然规律。本节主要通过对我国当前水利工程涵洞设计重点问题进行系统的分析，进一步提出较为优化的设计施工方案，以此，推动涵洞设计能力，提高水利应用水平。

农业生产对水利的依赖程度越来越高，良好的水利能够保证科学生产，实现农业丰产增效，可以说，一个区域水利工程的好坏，决定了地方农业经济发展情况，水利工程能进一步提高水利除水害的能力，通过水利工程建设，全面减少水灾水害，当前，我国治理水害的重要措施就是兴修水利。一个水利工程并不是随意建设的，需要根据当地自然条件、地质环境等进行规划与统筹，保证发挥水利最大功能作用。设计的科学、合理，能够确保当地农业生产安全，避免出现不良的生态破坏。水利工程的长期运行，决定了其工程设计的重要性,要从源头设计把好关口,设计出标准规范的图纸,形成科学的模拟量,保证涵洞通水畅通。涵洞与水利工程紧密相关,不是独立结构,也就是说,在进行设计时,需要合理把握好结构和尺寸,通过实地考察调研、科学构思设计,使涵洞在平面设计中得以全面展现。根据不同的水利功能作用差异性,需要在设计时全面综合的进行考量,实现整体规划。

一、水利工程涵洞基本情况

水利工程中的涵洞是重要的建筑物,任何一项水利工程均离不开涵洞的科学设计。涵洞是水利工程关键部分,其环境不稳定、长时间暴露在大自然中,很容易受到自然界风、霜、雪、雨及河流冲击。如果质量不合格,则很容易损毁,导致更大的灾害,特别是当前,大型农机具的普遍使用,也对涵洞形成一定的威胁,所以说,在涵洞设计中,必须要全面考虑到整体构造和耐久性能的问题,只有这样,才能有效提高涵洞质量,保证过水能力。

涵洞的结构非常重要,可以说,不管面临何种环境,均要坚固耐用,保持自身性能不变,要合理计算出涵洞的安全系数,使涵洞形成更大的安全性,设计过程中,安全系数和性能结构是密切关联的整体,结构合理,则系数越高,安全性能越强。设计人员只有全面负责,认真进行调研,才能把握好结构系数要求,确保涵洞坚固耐用,能够抵抗水流巨大压力冲击和冲刷。涵洞设计是一方面,但是在施工过程中,还需要根据当地具体情况,对设计进行微调,保证与当地自然环境相协调一致,符合技术施工要点要求,对涵洞高度、厚度、强度的调整,能够全面确保涵洞作用的良好发挥。

二、涵洞的设计

水利工程中,对涵洞的质量要求非常严格,涵洞在建设之前,需要严格设计,做好科学统筹与规划,根据当地实际情况,考虑到整个水利工程特征,在建筑技术视角下,合理设计施工,使各个环节得到良好控制,使涵洞设计施工环环相扣。

涵洞设计考虑因素。涵洞设计之前,不能盲目进行,需要到现场进行实地考察,只有全面掌握了现场情况,才能设计出合理的工程。通过对现场调研,把握好工程用料、地质、施工各个方面的基本要素,使各个方面都得到良好控制。同时,根据当地情况,对涵洞类型做出正确的选择,不能盲目套用,否则会导致后期的安全隐患,只有全面满足了施工要求,才能进行设计,保证最终的效果。设计时,不能过于理想化,需要对各个季节、时间段的泄洪和过水要求进行分析。科学设计出涵洞结构形式和断面形式,只有这样,才能保证工程建设质量,满足施工技术标准。在设计过程中,对施工工艺、使用材料、技术选择做好认定,因为这些因素是工程建设质量好坏的最关键要素,只有全面发挥优势,避开不足,才具有可操作性,确保涵洞设计合理、施工规范。

套用标准图把握要点。在施工过程中,对普遍存在的水利工程,是有一套标准规范的,也就是说,涵洞设计有一整套设计原理与标准,这些标准是在大量实践过程中总结出来的,一般工程施工,往往会套用这些标准图,或者进行有效的参考。标准的设计,能够节省时间，数据与参数是在大量实践中检验并得到认证的，是合理化、实用化、规范化、标准化的设计。但是，面对这些标准的设计图，我们需要谨慎对待，不能千篇一律，一定要根据当地自然条件进行调整把握，合理利用好标准设计图，打破陈旧的模式，结合好施工现场，对设计进行有效的改进。

三、水利工程中涵洞设计分析

水利工程中的涵洞工程，具有重要的作用，其最主要的功能是引水或排洪。在实际设计过程中，对引水涵洞设计较容易把握，主要通过对相关的水力参数进行了解，使数据清晰明确，就可以设计出满足荷载需要的涵洞工程，设计过程中，很容易掌握这些要求。

箱涵设计。箱涵是使用广泛的涵洞，在公路和水利工程中较为多见，箱涵是重要的引水建筑物，从技术层面看，这种建筑结构较为简单，整体上并没有复杂的区分，相对结构简单、施工便利，在不同的地质条件下，均能够建设，对地区的适应性较强，能够满足多数地区水利需要。箱涵的功能决定了其是无压引水建筑物，只要根据当地排水供水情况，合理掌握水量体积，就能设计出符合工程整体要求的箱涵平面布置和断面尺寸图。设计过程中，需要全面对现场进行调查，使底坡和建筑物连接更加紧密，保证水面转角的合理性，进行设计前，要全面对各部分的计算进行严格的检验，保证结构受力计算在允许误差范围，实现高品质的建筑质量。

圆管涵设计。圆管涵在工程中也是普遍使用的一种方式，其设计思路是全面提升当地排洪泄水能力。这种涵洞主要对水力荷载有一定的要求，也就是说，面临不同的洪水流量则出现不同的压力，对管道质量提出严格要求，往往压力大小受不确定因素影响较多。工程设计过程中，需要严格进行计算，科学做好测算，使各部位的参数满足压力荷载需要，避免出现安全隐患。根据圆管涵功能作用看，当前有压力过水涵、半压力过水涵和无压力过水涵三种形式，设计时，根据自身情况合理选择标准和形式，确保涵洞结构尺寸合理。圆管涵对地基稳定性有一定的要求，需要综合考虑来自各个方向的压力，不能只考虑单向压力，否则会导致安全事故。

盖板涵设计。盖板涵是最为多见的一种形式，是水利工程中应用较广泛、使用最频繁的涵洞。设计时，需要考虑到技术标准和施工工艺要求，特别是钢筋混凝土预应力情况，一定要严格计算，确保盖板涵承载能力和应用效果。盖板涵竖向压力需要计算出扩散面积，涵台内力通过涵洞和涵底重心落点得出，上下简支竖梁承受上部简支压力和水平方向作用力得出，对整个周围的压力全面考虑，保证设计符合安全标准要求。

拱涵设计要点。拱涵也有较为广泛的使用，设计时需要严格把握好要点，计算出拱涵涵顶填土对涵洞竖向压力大小，按土柱压力进行科学合理的计算。拱圈截面拱数值的计算要把握好精准度，拱涵外形决定了其最后的拱顶压力，只有充分考虑到内力问题就能全面得到解决，设计过程中，需要把握好大的方向，对曲率、剪切变形、弹性压缩和温度变形等可以在后期考虑。

四、涵洞设计注意事项

涵洞工程关系到水利工程的效果，所以说，在进行水利工程涵洞设计时，严格把握好几个方面要点，只有这样，才能杜绝安全隐患，保证涵洞使用安全。

洞口设计注意事项。洞口是涵洞最主要的结构，其形状与结构对排水有一定的调节作用。结合水利工程施工建设涵洞洞口的不同类型，合理进行选择，保证涵洞洞口设计符合水利工程整体要求。涵洞洞口类型包括急流坡、跌水井及倒虹吸等，需要合理选择类型，才能发挥出洞口的作用。

长度设计注意事项。洞身是整个涵洞孔道主体，涵洞洞身设计最重要的就是对水流流量与涵洞洞身孔径大小的计算，良好的洞身孔径能够保证满足水流流量通过需要。涵洞洞身坚固性及稳定性需要全面把握好，设计时，要满足水利工程涵洞结构需求，同时，也能够满足涵洞自身荷载压力。长度对整体造价也有影响，需要根据内容，合理确定好洞身断面、长度。

水利工程关系到我国的农业产业发展，只有全面设计好涵洞工程，才能发挥涵洞引水和泄水作用，确保工程稳定耐用，满足水利建设要求，推动我国农业经济的快速稳步发展。

第七节　水利水电工程施工多元协同优化

在水利水电工程中，工程方案的优化设计需要考虑多种因素，包括施工的进度、工程质量、工程安全管理和施工环境等，只有全面考虑这些因素，才能保证工程决策的合理性和有效性，因此，要建立水利水电工程施工多元协同优化模型。本节以施工进度为主要因素，对水利工程建设构建出了多元关系模型。

水利水电工程本身具有复杂的地质条件，工程建设周期长，涉及的因素众多，因此，在施工方案中，就需要全面考虑工程各因素的因素之间的协同制约关系。比如安全与质量的制约关系，进度与安全的制约关系，投资与施工环境的制约关系等，对各因素进行合理控制，才能保证工程施工项目的科学合理性。当前在国内的研究中，对这五项因素的控制管理已比较成熟，对于每一种目标，专家和学者目前都已提出了较多的方法。近几年来，许多专家和学者开始对施工的进度、质量以及工程成本建立起了优化模型，并使用一些算法来求解，比如蚂蚁算法、遗传算法等，但是，这些模型的建立都较少考虑到施工中安全的因素和施工环境因素，随着安全因素和施工环境因素重要性的不断提升，人们意识到这两者因素的重要性。因此，在工程中，需要对这五因素全面考虑，而不仅仅只考虑传统的三因素，考虑五因素间的对立统一关系，分析因素之间的影响程度，选择优化方案建立多因素的协同优化，针对不同的工程特点选择不同的施工方案，为其他工程施工提供一些参考。

一、多元协同设计在水利水电工程中的意义

与传统的二元、三元工程设计体系相比,多元协同设计具有更大的不同,多元协同优化模型在水利水电工程中得到应用,将会极大地提升水利水电工程设计的有效性,并根据工程施工规模和技术特征,从设计角度入手,为后续的施工工序提供较大的便利。

设计优势。运用多元协同优化模型进行水利水电工程的设计,可以使设计形象更加具体,并且通过模型表现出来,从而最真实地反映出水利水电工程建设的具体流程和环节。设计人员通过运用多元协同优化模型进行设计,可以对整个工程施工进行评估,对工程建设中的具体问题清楚明了,并在此基础上,从设计角度出发,有效解决施工过程中的各种问题,并及时消除安全隐患,使施工的设计方案更加科学合理,为施工的安全性以及科学性,对工程成本的控制都能够有效控制,提供一定的技术支持。

空间优势。在多元协同优化模型的建立基础上,能够有效解决水利水电工程的空间问题,通过建立模型,能够帮助人员更清楚了解施工方案,对水利水电工程设计方案准确解读。根据工程实际情况,向其他部门和人员展示水利水电工程方案的模型,并在这过程中,采用现代化科技手段,比如三维科技,将模型具体呈现。在这一过程中,设计人员能够更加直观感受到水利水电工程内部的空间结构,这对于研究水利水电工程的内部结构以及施工方案的完善有极大帮助,人员能够在掌握工程信息的基础上,有针对性地采取措施,提高水利水电工程的利用效率,避免出现工程材料浪费或是出现空间资源浪费的情况。

提升工程施工的质量与效率。从以往的情况来看,水利水电工程涉及多个专业,需要多专业、多人员的协同治理,需要不同领域的人员共同参与,传统的模式只是将工程进行简单分割,对于不同的技术人员和不同专业,没有进行方案的优化,也没有在此基础上进行总体方案的修改和协商。这一方式大大降低了工程施工的质量和效率,无法满足现阶段水利水电工程的施工要求,也无法满足工程施工现状,多元协同优化模型与计算机技术相协调,借助于计算机技术,完成施工平台的搭建。不同的技术人员可以在不同平台上进行工作协商,完成施工方案的制定,在后台运行过程中,可以对方案自行评估,并将结果反馈给工作人员,工作人员再根据结果调整方案,进行施工。

二、多元协同优化模型构建

对于施工多元化协同优化模型的建立,需要根据工程施工的安全因素、质量因素、进度因素以及成本因素共同建构,建立出多元关系函数,实现因素的协同优化。

对于多元关系函数,需要人员结合工程实际情况,选择其中一个因素作为主因素,从二分析出主控因素对其他因素的影响程度,本节将施工进度作为主控因素,建立多元关系函数模型。

(1)建立工程质量与工程进度之间的函数模型,在工程施工的范围内,减少工期长度,这对工程质量的影响较小,但一旦延长施工工期,则对工程质量的影响较大。在项目中所涉及的因素包括工作时间、质量权重以及质量水平。

（2）建立工程成本与施工进度的关系模型，工程成本本身包含直接成本、间接成本和奖罚成本费用。直接成本包括直接工程成本，与施工工期呈现曲线的关系；间接成本包括企业管理成本和工程规程费用，这些都会随着施工工期的缩短而逐渐减少。因此，直接成本和间接成本与工期之间是呈开口向上的抛物线关系，抛物线所对应的点为顶点，顶点为工作的时间，在这一点上，产生的成本费用最少，工程投资最佳。其中涉及的因素包括工作时长、工作时间变化的费用变化概率，正常工作时间、实际工作时间、正常工作时间下的成本费用，在极限工作时间下的费用，间接费用、奖罚系数和合同工期等。

（3）建立安全、施工进度和施工环境、施工进度之间的关系模型，安全和环境的指标可以采用安全可靠程度以及环境保护程度分析，施工环境与进度和施工安全质量与施工进度具有相同的变化关系。在工程工期正常的情况下，应该缩短工期，我们会发现工程的安全可靠性和环境保护程度都有下降的趋势，如果继续缩短工期，则会使安全可靠程度和环境保护程度下降的程度更大。与之相关的系数有工作时间、安全环境的重要度、安全可靠程度和环境保护程度等。该项目函数中，与之相关的系数有工作时间、安全环境的重要度、安全可靠程度和环境保护程度等。

总之，对于施工的多元协同优化模型定量需要考虑工程中的每一项施工因素，实现施工方案的多因子优化协同，这样可以较大程度提高工程施工的科学性。该模型用于实际工程中，需要根据工程的具体特点选择主控因素，为工程的施工奠定基础。

第五章 水利工程施工技术创新研究

第一节 节水灌溉水利工程施工技术

现代人口数量的不断增长使我国对粮食的需求不断提升，与此同时，全球水资源也在不断减少，在此过程中，节水灌溉技术的有效应用对我国未来农业发展具有极其重要的现实意义，必须对其加强重视。据此，分别探究几种节水灌溉技术，希望能够为其相关人员的具体工作提供更为丰富的理论依据。

一、步行式灌溉技术

在我国目前农田水利工程中具体应用节水灌溉技术时，步行式灌溉技术是其极为重要的一项施工技术，该技术具体应用于快速移动的情境内，但是该技术的应用普遍存在一定程度的缺陷。因此，相关工作人员在应用过程中需要结合其他灌溉技术共同作业，基于多项技术有效配合能够确保更为合理地使用步行式灌溉技术。尤其是在内蒙古包头农业发展过程中，步行式灌溉技术能够确保有效结合节水技术和节水农艺，在满足当地现实需求的同时，重新组合调整整个节水系统，确保能够更为充分地应用该项灌溉技术。与此同时，在内蒙古地区，不同位置地理现状存在很大程度的差异性，而该技术适用性普遍较高，灌溉人员可以基于具体需求对其进行随意调整，不会受到现实环境的妨碍和限制。总体来讲，能够更为高效地利用水资源，同时，还可以进行资金投入的科学控制，在我国目前水利工程进行节水灌溉时具有较为普遍的应用。

二、滴灌技术

在我国农业建设过程中，滴灌技术具有较为广泛的运用面积。该种灌溉方式具体是在农作物根部设置滴水管道，打开控制阀门之后，水资源便可以以滴灌的方式流入农作物根部，确保农作物迅速吸收水分。该种节水灌溉方式的有效应用能够确保更为高效地利用水资源，大大降低浪费率，确保充分利用每一滴水。与此同时，该种灌溉技术还可以在一定程度内结合施肥技术，现场灌溉人员可以利用滴水管道向农作物根部输送肥料，进而确保有效减少人为作业，实现肥料吸收率的有效提升，是我国目前较为理想的一项节水灌溉技术。但是具体应用该技术时，操作手段较为繁杂，同时具有极高的计算要求，因此在我国目前并没有实现普及应用。

三、微灌技术

微灌技术是基于滴灌系统改进形成的，在具体应用水资源时，其利用效率通常处于喷灌技术和滴灌技术之间。在具体应用微灌技术时，首先需要利用压力管道进行抽水作业，然后通过利用管道系统向需要灌溉的位置输送水资源，最后利用设置于灌溉出口处的微灌设备实施灌溉作业。在具体输送和喷灌水资源时，水资源蒸发效率普遍较低，与此同时，相关工作人员在具体应用该技术时，使用的喷头孔径普遍较小，能够对其水资源利用率进行更高程度的保障。

四、渠道防渗技术

无论是选择使用微灌技术，步行式灌溉技术，还是滴灌技术，都需要抽调水资源并将其输送至特定地方。因此，在具体工作过程中，为了能够实现资源消耗率的有效降低，相关工作人员需要对其水资源输送过程中的渗透和蒸发进行不断控制。基于此，渠道防渗技术的科学应用具有极其重要的现实意义。在具体应用该技术时，工作人员首先需要进行渠道防渗材料的科学选择，同时进行渠道坡度和长度的合理设置，保障在渠道内能够快速流通水资源，从而实现渠道流经时间的大大降低，确保对水资源渗透率进行更为有效的控制。

五、喷灌技术

该技术具体是指在需要进行灌溉作业的位置安装喷灌设备，然后利用较强水压向喷头输送水资源，使其能够在空中形成水幕，进而对面积较大的作物进行灌溉，该种灌溉方式可以在一定程度内利用电脑进行控制，不需要人力监管便可以自动完成浇水作业。但是，该技术通常对其相关设备具有较强的依赖性，现场人员在具体应用该技术时，需要对其设备质量加强保障，同时还需要定期检修，以此为基础，才能确保有序运转。该技术的科学应用能够在很大程度内降低现场工作人员工作量，操作方式较为简单，同时具有较大的灌溉面积，水资源需求普遍较少，适合应用于部分具有较强空气湿度的无风地区。

六、地面浇灌法

地面灌溉法是应用范围最为广泛同时应用时间最长的一项传统灌溉技术，通过科学规划和水流量能够进一步实现节水效果。具体开展相关工作时，现场工作人员首先需要在农作物种植区域内寻找水源，科学修建水渠，然后在农作物区域内引入河流中的水资源进行灌溉作业。为了确保能够实现更为有效的节水目的，灌溉人员在具体选择河流时，必须确保其科学性，保证能够充分利用每一滴水资源。同时，还需要科学修建阀门，利用阀门孔进行水流控制，确保能够有效保护水资源，避免浪费。

第二节 水利工程施工灌浆技术

系统性和整体性是水利工程建设的主要特点，因为这两个特点的限制，造就了其工作的复杂烦琐，在较强的专业知识、专业技术基础之上才能够保证工程的顺利进行。在现行施工状态下难免会产生一些施工难题和阻碍工程顺利进行的障碍，解决这些难题障碍就成了创新研究的主体。在目前国内水平日渐向上发展的趋势推动之下，就必须加强对技术的认识，加强对知识的解读。

一、灌浆施工的概念结构

灌浆施工是一种复杂的系统性结构，这种"最优化"意义下的系统采用工程分析进行最优化处理，处理方法在子系统之间进行耦合变量链接，最终达到最优化效果。在当前的系统运行之下，主要从两个方面进行分析，一是采用工程观点，来决策变量和施工控制，这一方面的观点主要来验证该技术的可行性。另外一个方面，是在系统运行一段时间之后，对系统发生的改变进行新的状态变量输入灌浆数学模型进行分析，并且以此来判定系统的稳定性。

灌浆的作用如下：使孔隙和裂隙受到压密，所谓的压密作用就是挤密和压密，最终使地层的密力学性能得到提高。灌浆的浆液使凝成的结石对原有的地层缝隙进行填充，这样的填充作用能够提高地层的密实性，从而更容易展开工作。在经历前两步的作用之后，地层中的化学物质会和填充的浆液进行反应，从而形成"类岩体"，这就是灌浆施工的固化作用。前期工作一完成，灌浆施工的任务几乎就完成了，最后最重要的结尾工作就是粘合作用的目的——利用浆液的黏合性，对脱松的物体进行黏合，最终改善各个部分联合承载能力，使工程严密程度升高。

二、灌浆技术的应用

（一）准备工作

施工的流畅程度主要就在于工程的前期准备，只有制定出完整的施工计划，才能够确保工程的流畅程度。施工还要未雨绸缪，考虑到一些不可预知的事情，比如，施工场地、施工天气等一系列情况，都要在前期准备工作中做好充分的预备方案，适时地对相关工作进行调整，以应对突发情况、提高工程效率。准备工作中还应该要对施工的环境进行考核，这样才能够确保安全施工，保证施工的顺利进行。

（二）施工步骤

1. 钻孔

钻孔占据着整个工程的重要位置，在钻孔过程中，应该保证孔的垂直，还要确保打孔的倾斜度，如果超出了预算的倾斜度合理范围，这一次的打孔就以失败告终。在不同项目里，钻孔的标准也不是相同的，所以要工人在施工过程中严格把关，这样规范化的工程才能够顺利进行。

2. 冲洗

冲洗工作是在钻孔之后进行的，这样才能够保证灌浆的质量，这一环节是通过高压水枪强力喷射来洗去孔内的污垢，确保其干净。有时钻孔会产生裂缝，这就要求在清洗时对裂缝一并处理，这些裂缝的处理都能够为之后的工作提供保证。如果清洗之后还没有完全干净，可以采用单孔和双孔的方法进行再处理。

3. 压水

冲洗干净孔之后的工作就是压水了，压水工作之前应该勘察该地层的渗透能力，分析完之后求出相关数据进行参考。通常在实验时一般采用自上而下的运行方式。

4. 灌浆

虽然前期有数据支持，但是在正式灌浆之前还是要对灌浆的次序和方式进行确认。灌浆模式一般采用纯压力模式和环灌模式，因为这两种模式的流动性更强，能够使灌浆顺利沉积，这样就能提高灌浆的品质。

5. 封孔

最后一步收尾工作是封孔，封孔的步骤要求非常严格，一定要按照既定的计划来执行，以确保整体工作的顺利收尾，保障既安全又高效地完成工作。

三、施工注意事项

（一）浆液浓度控制

浆液的浓度会最终影响施工的效率。浆液浓度要在施工之前进行控制分析，工人要熟练掌握浆液浓度改变的应对方法，此前在灌浆施工就有过因浆液浓度导致整个施工失败的案例。浆液是一种液体物质，具有流动性。浓度越低流动性就越好，但浓度过低会使灌浆装载增加，容易产生开缝、漏水问题。如果浆液浓度过高，会使浆液停滞、难以流动，容易产生浆液供应不足的问题，降低工程的效率。所以保证浆液的浓度是灌浆工程的首要任务，只有做好这些，才能够提高工程的流畅性。

（二）应对意外

在工程建设中难免会出现一些突发的未知情况，由于灌浆施工场地相对较为混乱，所以应对突发事件就对工人的素质提出了较高的要求，高素质的工人能够在突发事件时做出对的判断。这些因素有些是人为因素，也有的是自然因素。意外事件不可避免，但是前期的准备还是会对后期的施工过程起到作用的，工人应该用科学的方法应对意外，最大程度上保证工程的顺利运行。处理意外事件要妥善，要对既有的意外事件进行经验总结，以备后用。

（三）控制浆液压力

灌浆压力的控制方法主要有两种：一次性升压和分段式升压。前者适用于一般的完整的裂缝发育、透水性低、岩石硬的情况。该类情况应该尽量将压力升至标准压力，然后在标准压力下，浆液会自行调配比例，然后逐渐加大浆液浓度，一直到灌浆结束为止。

分段式升压法应用于一些严重的渗水。该方法主要分为几个阶段，最终能够使压力达到标准。在灌浆过程中的某一级压力中，应该将压力分为三级，然后确定规定的压力大小，这样分段式控制压力就能够发挥作用了。

（四）质量检验

因为灌浆工程属于隐蔽性工程，所以在竣工之后要对工程进行复检。认真检查孔的设置，在钻取岩芯之后要反复观察胶结情况，还要进行压水测试，检查孔的相关问题，检查工程前后的数据记录，综合工程进行分析。只有各项检查过关之后，工程才算是真正完成。

灌浆技术在水利工程中的重中之重地位不言而喻，所以研究施工过程中的问题，就是对灌浆技术的总结，这是保证灌浆工程施工质量的前提，是水利工程发展的一个大的转折点。

第三节　水利工程施工的防渗技术

自改革开放以来，我国水利工程项目明显增加，水利工程施工环境日渐复杂化，频繁出现渗漏问题，影响水利工程建设经济效益。施工企业要多层次高效利用防渗技术，加大防渗力度，最大化提高水利工程施工效率与效益。因此，本节从不同方面入手探讨了水利工程施工的防渗技术的应用。

在社会经济发展中，水利工程种类繁多，存在的问题也日渐多样化，但渗透问题最普遍，导致水利工程投入使用之后功能作用无法顺利发挥，甚至危及下游地区住户生命财产安全。在水利工程施工中，施工企业必须准确把握渗漏问题出现的薄弱环节以及渗漏的具体原因，巧妙应用多样化的防渗技术，科学解决渗漏问题，促使水利工程各环节施工顺利进行，实时提高水利工程施工质量。

一、水利工程施工中防渗技术应用的重要性

水利工程和传统建筑工程相比，有着明显的区别，属于水下作业，有着鲜明的复杂性与不确定性特征。水利工程施工中极易受到多方面主客观因素影响，出现工程结构变形等问题，引发渗漏问题，影响水利工程施工进度、施工成本、施工效益等。防渗技术在水利工程施工中的科学利用尤为重要，利于实时对建设的水利工程项目进行必要的防渗加固，避免在施工现场各方面因素作用下，频繁出现渗漏问题，动态控制水利工程施工成本的基础上，加快施工进度、提高施工效益。同时，防渗技术在水利工程施工中的应用利于提高水利工程结构性能，充分发挥多样化功能作用，实时科学调节并应用水资源，降低地区洪灾发生率，提高水利工程经济、社会乃至生态效益。

二、水利工程施工中防渗技术的应用

（一）灌浆技术

1. 土坝坝体劈裂灌浆技术

在水利工程施工中，灌浆技术是重要的防渗技术，频繁作用到施工各环节渗漏问题解决中。灌浆防渗技术类型多样化，体现在多个方面，土坝坝体劈裂灌浆技术便是其中之一，可以有效解决水利工程坝体出现的各类渗透问题。在具体应用过程中，施工人员要根据水利工程坝体所具有的应力规律，以坝体轴线为切入点，进行合理化布孔，在孔内灌注适量的浆液，促使坝体、浆液二者不断挤压，确保浆液更好地渗透到坝体中，有效地改善坝体应力分布状况，从源头上提高水利工程项目坝体安全性、稳定性，避免坝体频繁出现渗漏问题。在此过程中，施工人员要从不同方面入手深入分析坝体的具体条件以及出现的裂缝问题，科学利用土坝坝体劈裂灌浆技术。如果水利工程坝体裂缝只是在某些位置均匀分布，施工人员在利用该灌浆防渗技术中，只需要对出现裂缝的具体位置进行灌浆防渗处理；如果水利工程坝体不具有较高的质量，贯通性裂缝问题又频繁出现，在防渗处理中，施工人员需要科学利用全线劈裂灌浆技术，最大化提升坝体严密性，具有较高的防渗效果。

2. 卵砾石层帷幕灌浆技术

和一般的灌浆技术相比，卵砾石层帷幕灌浆技术有着本质上的区别，应用其中的灌浆材料不同，属于水泥、黏土二者作用下的混合浆液，被广泛应用到卵砾石层中，主要是该类石层钻孔难度系数较高。在应用过程中，施工人员可以采用打管以及套阀灌浆方法，控制好灌浆孔，顺利提高灌浆效果。但该类灌浆技术在防渗实际应用中，存在一定缺陷性，会受到卵砾石层影响，常用于水利工程防渗辅助方面，有效解决渗漏问题的同时，还能最大化提高材料利用率。

3. 控制性与高压喷射灌浆技术

（1）控制性灌浆技术

控制性灌浆技术建立在传统灌浆技术基础上，属于当下对传统灌浆技术的优化。通常情况下，在应用控制性灌浆技术中，水泥是关键性施工材料，并应用一些适宜的辅助材料，有效改善应用其中的水泥物理性能，有效提高作用其中的材料的抗冲击性能以及防渗质量，避免在土体中水泥浆频繁出现扩张现象。同时，当下，控制性灌浆技术在水利工程坝体、围堰以及堤防方面应用较多，可以有效解决相关的渗漏问题。

（2）高压喷射灌浆技术

在应用高压喷射灌浆防渗技术过程中，施工人员只需要在钻杆作用下，顺利实现高压喷射，确保水、浆液喷出之后，可以及时冲击对应的土层，使其和土体均匀混合，形成水泥防渗加固体，防止水利工程出现渗漏问题。具体来说，高压喷射灌浆技术可以进一步划分，高压定喷灌浆技术、高压摆喷灌浆技术等。施工人员必须坚持具体问题具体分析的原则，客观分析地区水利工程施工中渗漏问题，高效应用高压喷射灌浆技术，借助其多样化优势，做好加固防渗工作。以"高压旋喷灌浆技术"为例，其应用范围较广，比如，淤泥土层、粉土层、软塑土层。施工人员可以将其作用到水利工程深基坑加固防渗中，在旋喷桩作用下，提高基坑结构性能。

（二）防渗墙技术

1. 多头深层搅拌和锯槽防渗墙技术

在水利工程施工防渗方面，防渗墙技术也频繁应用其中，有着多样化优势，避免雨水侵蚀水利工程结构等。多头深层搅拌防渗墙技术便是其中之一。在应用过程中，施工人员要在多头搅拌机作用下，及时在土体中喷射适量的水泥浆，均匀搅拌水泥浆，使其和土体有机融合，以水泥桩的形式呈现出来，再对各搅拌桩进行合理化搭接，形成水泥防渗墙。此外，在应用锯槽防渗墙技术中，施工人员要将锯槽设备应用其中，刀杆必须按规定的角度倾斜，多次切割土体的同时向前开槽，动态控制设备移动速度，利用循环排渣法，排出切割下来的土体。锯槽成型以后，施工人员便可以向其浇筑适量的混凝土，形成防渗墙，厚度在 0.2~0.3 米间。该防渗技术常被应用到砂砾石地层中，具有可以连续成墙、高施工效率等优势。

2. 链斗法、薄型抓斗与射水防渗墙技术

在应用链斗法防渗墙技术中，施工人员要科学利用链斗开槽设备，规范取下土体、明确成墙深度、科学放置排桩，在开槽设备作用下，向前开槽，借助泥浆优势，保护好槽壁，浇筑适量的混凝土。在应用过程中，砂砾石粒径必须小于槽宽，砾含量不能超过 30%。同时，在应用薄型抓斗防渗墙技术中，施工人员要控制好薄型抓斗设备的斗宽度，在孔洞开槽的基础上，借助水泥浆优势，保护好孔壁，再浇筑适量的混凝土。该防渗墙技术可以应用到多种土层中，有着其他防渗墙技术无法比拟的优越性，成槽速度较快，防渗施工成本不高，泥浆消耗量较少等。此外，在防渗施工中，施工人员也可以利用涉水防渗墙技术，要科学应用作用到水利工程防渗中的设备，比如，浇筑设备、搅拌设备，在造孔设备作用下，顺利喷出高速与高压的水流，科学切割土体，在成型设备作用下，多次修整，最大化提高槽壁光滑程度，再反复出渣的基础上，在槽孔中浇筑适量水泥浆，形成防渗墙，达到防渗目的。

总而言之，在水利工程施工中，施工企业要科学利用多样化的灌浆与防渗墙技术，做好防渗加固工作，科学解决渗漏问题，高效施工的基础上，提升水利工程应用价值，更好地服务于地区经济发展。

第四节　水利工程施工中混凝土裂缝控制技术

水利工程作为国内经济建设基础在人们的日常生活中得以广泛出现，水利工程建设的特点有规模大、消耗时间长，实际投入各项成本过大、建筑实际成本多、施工困难等，在建筑施工时常会产生各类的质量问题。水利工程在实施建设过程中最为常见的问题是混凝土裂缝问题，这类问题会降低工程使用期限，也会影响水利工程内部的稳定可靠性，对工

程社会效益来说是较为不利的。因此混凝土裂缝问题需要被建筑企业重视，使用先进科学的手段实施干预，确保有效提高施工质量，切实提升水利工程实际运行效率和效益。

一、水利工程施工中混凝土产生裂缝的原因

（一）塑性混凝土裂缝出现的原因

混凝土尚未凝结以前，都会有失水状况的存在，进而会使得混凝土发生变质、变形，致使混凝土最终体积因此发生改变，不能与建筑施工设定目标保持一致，鉴于此类状况，会出现塑性裂缝。大多情况下，塑性裂缝呈现中间宽、两边细的特征。

（二）收缩混凝土裂缝出现的原因

混凝土凝固过程中，体积会发生一定的变化，例如缩小，进而致使混凝土出现收缩、变形等状况。此种状况下，有较大的约束力，很容易产生收缩裂缝，尤其是搭建高配筋率时，受到钢筋的影响，周边混凝土会产生相应的约束力，导致钢筋对混凝土收缩情况进行限制，由此出现了拉应力，借助此类作用，混凝土收缩裂缝情况极其容易在构件内发生变化。

（三）因温度变化而导致的裂缝

混凝土凝固过程中，对环境条件有着较高的要求，尤其对温度来说是要求比较严格和敏感的。混凝土在完成浇筑过后，若没有妥善对混凝土建筑进行养护，控制混凝土周边温度的环境，会造成混凝土内部产生裂缝状况。混凝土凝固过程中，若混凝土内外部温差过大或温差明显，受到热胀冷缩的影响，混凝土实际应力会随之发生变化。比如，受到温差变化的影响，有序对混凝土构件力进行拔高，若实际应力远远大于预期规定承受能力时，混凝土将会产生温度裂缝。

二、水利工程施工中混凝土裂缝控制技术

（一）施工材料控制

水利工程进行施工时，混凝土结构性能会受到施工材料的影响，进而造成混凝土出现裂缝。结合这一情况，施工管理单位要切实做好材料管控工作，严格参照施工建设方案的材料标准和规范进行施工，采购材料的过程中，要保障水泥的型号、骨料实际级配、粒径等各项要求和施工建设标准保持一致，确保混凝土内部的结构性能。与此同时，选取水泥材料的途中，作为施工单位要确保水泥材料的性能的同时，兼顾选取水化热偏低的水泥进行施工。

（二）混凝土配比控制

施工材料选取完毕过后，施工单位要制定符合施工要求的混凝土最佳配合比，借助施工材料对其进行反复试验，及时测量混凝土预期建筑强度、坍落度等，进而获取最优的配合比例，提高混凝土结构的性能。但需要引起关注的是，水利工程使用的混凝土大多是借助工厂搅拌混合后向施工现场进行运输的，作为施工单位要及时控制和管理混凝土运输质量，确保到达现场及时验收，方可进行施工。

（三）施工温度控制

水泥水化热是造成混凝土施工时温度变化的主要原因，施工企业参与施工时的各项性能要求，尽量降低水泥的使用频率，若必须使用则多选取低水化热的水泥进行施工，减少混凝土搅拌时散发的热量。混凝土实施搅拌前，借助冷水对碎石进行冲洗，减少产生热量。单位要选取有效的施工时间与浇筑方式，大多浇筑时间在早 7:00-10:00，下午 3:00-6:00，杜绝高温作业提升混凝土结构内部温差。实施浇筑时，使用分层浇筑施工，加强混凝土散热能力。若水利工程施工选取大体积混凝土，施工单位要安装冷却水管，减少混凝土内外温差和内部应力，杜绝产生裂缝。

（四）开展养护工作

混凝土施工质量的基础是要做好养护工作，其也是杜绝裂缝产生的主要措施。首先，妥善对混凝土构件实行保温，使用防晒手段，杜绝温差大而产生裂缝。施工人员需要参照施工需求和标准进行施工，借助设置草席、塑料等手段实施养护。要想杜绝人为对其进行干预和破坏给混凝土产生危害，需要委派专人进行管理。

（五）混凝土塑性裂缝控制技术

水利工程进行施工时，要控制混凝土塑性裂缝，要立足实际从源头入手，也就是制作混凝土的源头。配置混凝土时，要选取合适的集料配合比例，设计科学有效的配合比例，尤其是混凝土的水灰配合比例。进行配置过程中，要认真进行考察，深入调查研究和了解实际状况，结合实际需求，选取最佳的减水剂，保证混凝土可塑性达到施工建设标准。想要有效实施混凝土浇筑工作，需要使用有效的管理办法实施振捣，以此为基础，不发生过度振捣的状况，借助科学有效的办法，降低混凝土发生泌水状况，杜绝模板沉陷。若出现塑性裂缝，要妥善处理，确保在混凝土终凝前完成抹面压光工作，保证裂缝有效闭合，降低压缩问题。

（六）混凝土收缩裂缝控制技术

混凝土收缩若出现裂缝，结合裂缝内产生的裂缝，选取合适的施工材料进行修复，比如借助环氧树脂等施工材料，妥善对裂缝表层进行维修处理。结合实际状况来说，使用控制技术仍存在一定的局限性，仅仅只从表层对混凝土裂缝进行修护，想要从源头控制混凝土收缩裂缝，要把制作混凝土看作至关重要的关键一步：第一，优化升级混凝土性能，结合实际状况，科学减少水灰比例，有序降低水泥实际使用含量；第二，重视混凝土配筋率，科学有效对其进行设置和管理，确保分布变得规范、有序，进而杜绝发生裂缝状况；第三，及时养护混凝土，重视养护管理工作，结合实际状况妥善对混凝土保温覆盖时间进行控制，及时做好涂刷工作，最大限度降低混凝土发生收缩裂缝状况。

（七）混凝土温度裂缝控制技术

要想降低混凝土温度敏感程度，需要立足下述方面：首先，选取材料时，水泥要选择低、中热的矿渣和粉煤灰水泥，对水泥用量进行严格管控，水泥含量不得 > 450kg/m³；其次，要降低水灰比，保证水灰比 < 0.60；再次，对骨料级配进行控制，实施过程内部，要添加

一定的掺粉煤灰、减水剂，降低水化热程度，减少水泥实际含量；再者，对混凝土浇筑工艺和水平进行优化升级，切实降低混凝土温度，借助相关工艺满足预期要求；接下来，结合实际状况，混凝土浇筑施工工序进行妥善控制，进行浇筑途中，降低温差给混凝土凝固产生的各类影响，使用科学有效的分层、分块的管理办法，妥善进行混凝土散热工作；最后，混凝土进行养护时需要严格控制标准，混凝土实施浇筑完成过后，养护工作是至关重要的，如果天气温度高，需要保护混凝土，及时覆盖和降温，立足实际，妥善进行洒水防晒工作。参照施工要求，强化养护管理期限，杜绝发生温差过大的情况。

根据水利工程施工建设中混凝土出现裂缝的各项原因，立足实践妥善分析混凝土裂缝控制技术，建设水利工程时，混凝土产生裂缝大多是因为各类原因所造成的。因此，我们需要使用科学的混凝土施工办法，配置最佳的混凝土比例，妥善进行养护管理工作，从源头控制管理原材料工作，在很大程度上能有效预防和减少混凝土发生裂缝的频率，进而使得水利工程能够在施工时得到有效保障，以此促进水利工程施工在未来建设中的基础，为后续实施水利工程奠定坚实支撑。

第五节　水利工程施工中模板工程技术

随着现代社会的不断发展，工程质量逐渐被人们所重视，而水利工程由于与人们日常生活关系密切，其工程质量尤其被人们所重视。不断提高水利工程相关技术将是对其工程质量的良好保障，将更新颖更专业的模板工程技术应用到水利工程施工中，便是保障工程质量，提高相关技术重要举措之一。

一、模板工程技术的相关概念

（一）模板施工技术的重要性

在水利施工中，混凝土浇筑构（建）筑物前需要在该地先做出一个浇筑模板，制作这块模板便是水利工程中的模板工程。模板工程分为两部分，其一是模板，其二是支撑，混凝土是直接浇筑进模板与模板之间进行直接接触的，所制作模板的体积是由图纸上混凝土的浇筑体积决定的。模板工程的支撑部分就是起支护模板，让模板位置安装正确并能承受混凝土的浇筑以实现模板功效的。同时由于模板直接决定了混凝土的成型，这便需要模板与混凝土最大程度实现尺寸、体积等方面的符合程度，以将误差最小化。模板方面，若是各模板的接缝处不严密就会使得后续混凝土浇筑时发生严重影响工程质量的漏浆情况；而支撑方面，如果支撑力度不达标，那么在后续混凝土施工时就容易导致变形和错位等质量缺陷，甚至质量事故的发生而严重降低其工程质量，与之相应的模板相关方面就会出现偏差，不仅影响着水利工程的质量甚至还会导致水利工程坍塌，导致各种事故的发生，故而近年来我国水利工程施工对其施工质量也确定了相关的标准。模板工程技术在水利工程中的地位由此可见一斑。

（二）关于模板的主要分类方式

模板类型众多，为了使模板使用更加规范化、科学化，常以多种分类方式进行一定分类，也便于查找应用。其中分类主要标准分别是按制作材料分类、根据不同的混凝土结构类型、按模板的不同功能、按模板的不同形态、按照组装方式的不同、根据不同施工方法不同和所处位置的不同这七种标准。通过多种的分类方式，以便施工中能更快捷有效率的进行相关模板选择，并通过更切合实际的模板来实现更高效的建筑施工，并通过一定的相关工程技术，有效提高整个工程的质量。

（三）模板设计的相关要求

在混凝土施工中，混凝土凝结前始终处于流状物体，而将这种形态的混凝土制作成符合设计要求的形状和尺寸的模型，即是模板。首先，要确保施工完成后所得到的混凝土的各个方面符合要求，而模板也要更好地保证刚度、强度和耐久性，以确保其安全性与稳定性。在拆装模板时也要确保模板的便捷性，不破坏模板重复利用的同时保证结构达到相关标准。其次，也要求模板的外在方面做到表面光滑、接缝严密，同时由于未凝结时混凝土处于半流体，模板还需有良好的耐潮性。在模板的设计方面，技术工作人员要对施工地点、环境等实际情况进行现场调查，以确保设计出的模板方案科学合理、符合施工要求并切合当地实际情况。此外，模板设计时还要制定配图设计和支撑系统的设计图，然后根据施工中的详细情况进行一定计算，确定科学合理的模板装卸方法。

二、模板施工技术在水利工程中的应用

（一）模板施工的连接技术

在模板设计完成后，将根据实际情况以各种方式进行模板连接工程，故而模板工程技术应用于水利工程施工的过程中，技术人员应当重视机械连接、接头质量、焊接类型等各种连接过程的细节，并在连接施工结束后，对相关成果进行详细的全方位检查，以最大程度的保证工程施工中模板工程技术施工的工程质量。此外，在水利工程施工模板技术的应用过程中，施工人员可以在某根钢筋上安置少量钢筋接头，如此不仅能够最大化的提升模板工程技术应用的质量，对后续施工技术的展开也有着积极影响。

（二）模板施工中的浇筑技术

在开展模板工程施工的过程中，需要严格要求模板工作的相关程序，以确保工程中最重要的质量问题，而混凝土浇筑技术则有着影响水利工程施工中的性能以及安装效果的作用。混凝土浇筑过程中，要确保模板工程的支撑部分能起到支护模板的作用，同时保证准确的模板安装位置，最重要的是承受住相应的内外力荷载，以确保混凝土浇筑过程不会出现降低浇筑强度而导致工程质量下滑的恶劣影响。

（三）施工结束后的拆除技术

随着水利工程技术与模板工程技术的不断发展，模板拆除的相关技术也有着一定的发展成效。在对模板进行相关拆除时，需要确保侧模和混凝土强度已达到相关要求，为此，

对于模板拆除工作的相关要求是在选择底模时,需要设计强度满足标准值八成左右方可进行拆除。经实践证明,在将模板拆除技术应用于实践时,施工人员要根据具体的实际情况,将模板进行全面、同步的拆除工作,最大限度地避免模板掉落等模板损坏、损毁情况的发生,避免损失掉不必损失的人力物力。此外,还要在拆除过程中,对拆下的模板及时进行清理,针对相应模板进行一定的清理维护工作,确保更有效的重复利用模板。模板拆除技术在一定程度上提升了水利工程的工程质量,落实了水利工程中模板工程技术的应用水平,也有着一定现代循环利用的环保理念。

三、模板工程的相关材料

在水利工程中,与其他建筑工程的实际不同而需要模板材料具有更高的强度和刚性同时兼具一定的稳定性能,以达到相关的要求,确保在模板承受施工荷载时发生的变形仍在可控的安全范围内。而以模板的外观要求来说,主要就是保证表面的平滑性,确保其拼接过程中不会发生缝隙等质量问题;而模板的其他要求来看,需要将模板与施工中所选混凝土的特性相结合,当施工中要求混凝土技术较大时,相应的就要选择大型模板来施工,同时配以更好的刚性材料;而在模板支护方面则要注重模板两侧的安装及防护,以此保障模板的稳定性确保模板不会受到外力的影响,同时,在安装模板时也要对正确拆卸拥有一定认知。而对于水利施工中模板工程来讲,对于刚性是有着严格的要求的,并且模板支护也要做好全面实际的分析调查工作。模板支护时要保证所固定基础面上的坚实度能够满足实际需求,一般还要根据施工过程的持续不断增加相应的支护板,以满足施工中的要求,符合有关质量问题的要求。

此外,在模板施工前要对模板中的杂物进行检查并予以相关处理,确保模板一定的洁净性。

综上所述,模板施工技术占据了水利工程施工中重要的地位,模板施工的质量直接影响了混凝土结构的质量,也即是工程质量。相关工作人员与管理人员应重视模板工程的价值,通过更多不同的有效举措保证模板工程技术更好的应用在水利工程中,以促进水利工程施工的相关质量与效率。

第六节 水利工程施工爆破技术

在水利工程施工中,通过利用爆破技术来为施工提供相应的空间,而且还能够用来采集石料和完成特殊作业任务。如在水利工程施工中,堤坝爆破、堤坝开渠、堤坝截流及水下爆破等施工中,通常都需要应用爆破施工技术。

一、水利工程施工用的爆破材料

（一）起爆炸药

起爆炸药是水利工程较为常用的爆破材料，其具有较高的爆炸威力和较高的化学稳定性。雷汞炸药、硝基重氮酚炸药都作为起爆炸药，这其中硝基重氮酚炸药具有较高的耐水性能，因此在水利施工起爆中较为常见。

（二）单质猛性炸药

单质猛性炸药是水利工程中较为常用的爆破材料，其中常用的成分为TNT及硝化甘油，这些物质不溶于水，因此可以用其在水下进行爆破作业，但这种爆破材在水利施工的地下爆破施工中不具有适用性。这主要是由于TNT在爆破中会产生一氧化碳，因此不会单独使用，需要与硝酸铵等化学物质一同使用。

（三）混合猛性炸药

混合猛炸药在水利工程中也较为常用，这种爆破材料以硝酸铵脂类化学物质为主，可以在水下爆破施工，爆破材料敏感度不高，可以有效地提高其使用中的安全性能。在相同工作量基础上，利用混合猛性炸药，具有较强的经济性，因此在水利施工中应用最为广泛。

二、水利工程起爆方法

（一）火雷管起爆法

利用火雷管起爆时，通过运用点燃的导火索来达到起爆。这种起爆方法操作较为简单，而且成本较低，在当前一些小型、分散的浅孔及裸露的药包爆破中应用十分广泛。但利用火雷管起爆过程中，工人需要直接面对点炮，安全性较差，而且控制起爆顺序也不准确，很难达到预期的效果。而且在火雷管起爆法中，无法利用仪器来检查工作质量，出现瞎炮的可能性较大，因此在一些重要及大型的爆破工程中不宜应用。在具体应用过程中，需要做好雷管保管工作，注意防潮及降低敏感度，导火索不宜受潮、浸油及折断，需要做好相应的保护措施。

（二）电雷管起爆法

利用电雷管通电起爆法来对爆炸包进行引爆，需要计算电爆网路，并采用串联、并联和混联三种方式进行电爆网络连接。这其中串联网路布置操作简单，所需要电流较小，而且电线消耗也少，能够提前对整个网络的导通情况进行检查，一个雷管出现故障后，整个网路就会断电拒爆；对于并联网路，其需要较大的电流，无法提前对每一个雷管的完好情况检查，即使某个雷管存在问题也不会有拒爆情况发生；混联有效的集中了串联和并联的优点，在一些规模较大及炮眼分布集中的爆破中应用更为适宜，而一些小规模的爆破多采用串联和并联的方法。

（三）导爆索起爆法

利用雷管来引爆导爆索，然后由导爆网路引爆炸药，在一些深孔和洞室爆破中进行应用。这其中可以利用火雷管和电雷管引爆导爆索，而且雷管聚能穴需要与传爆方向保持一致，采用并联或是并串联的方式联结导爆索网路，在有水和毁电的场合都可以进行使用，但这种起爆法价格较为昂贵。

三、水利工程施工中爆破技术的应用分析

（一）深孔台阶的爆破技术

深孔台阶的爆破技术指，孔径要大于50mm，而孔深大于5m，对多级台阶进行爆破。只有两个自由面及以上才能开展爆破，而多排炮孔之间可以毫秒延期进行爆破，爆破的方量比较大、破碎的效果好，而且振动的影响很小，在我国水利工程中得到了广泛的应用。

（二）预裂和光面的爆破技术

预裂爆破是沿着设计和开挖线，打密集孔安装少量的炸药，预先完成爆破缝，防止爆破区导致岩体破坏的技术；光面爆破是在开挖线布置一些间距小、平行的炮孔，进行少量装药，同时起爆。在隧道中的爆破，设计线内岩石不使线外围岩受到破坏，围岩面可以留下清晰孔痕，保持断面成形的规整和围岩的稳定性。

（三）围堰爆破的拆除

我国一些大型的水利工程，在建设中需要遇到很多需要拆除的一些临时性的建筑，典型的代表就是围堰爆破拆除，可以利用围堰顶面和非临水面开始钻爆作业。而爆破要求要做到一次爆通成型，才能实现泄水与进水的要求，还要保证周围已建成建筑不受到损害。

（四）定向爆破进行筑坝

定向爆破进行筑坝是高效的开发水资源的施工方法，这种施工方法具有一定的优势，一般不需要使用大型的机械设备，对施工的道路要求也不高，而采石、运输和填筑都可以一起完成，有效地节省劳动力与资金的投入，施工进度很快。

（五）岩塞的爆破技术

岩塞爆破属于水下爆破，目的是引水和放空水库，可以修通到水库的引水洞与放空洞。工程完成后，可以把岩塞炸掉，使洞和库及湖连通在一起。水下岩塞的爆破可以不受到库水位的影响，也不会受到季节限制，还能省去围堰工程，施工周期短、效果好、资金投入低，而且水库运行和施工之间不会受到干扰。我国的岩塞爆破已丰满水库的规模最大。

（六）隧道掘进的爆破技术

水利工程建设中地下工程开挖是非常重要的一项内容，通过隧道掘进钻爆方法能够与不同地质条件相适应，而且成本较低，在一些坚硬的岩石隧洞和破碎的岩石隧洞中具有较好的适用性。由于爆破开挖作为施工的第一道工序，会对后续工序和施工进度带来较大的影响，因此需要掌握隧道掘进爆破施工技术要点，以此来确保达到较好的爆破效果。

四、瞎炮处理

未能爆炸的药包称为瞎炮，为避免瞎炮，需要做好预防工作，应认真检查爆破器材的

有效期，选择可靠安全的起爆网路，小心铺设网路，起爆前应全面检查网路和电源，发现瞎炮立即设置明显标志，由炮工进场当班处理，具体做法有：检查雷管电阻正常，需要重新接线引爆；证实炸药失效，敏感度不高，可将炮泥掏出，在装起爆药引爆；散装粉末状炸药可以用水冲洗，冲出炸药等。严禁用镐刨处理瞎炮，不许从炮眼中取出原放置的引药或从引药中拽出电雷管，不准用打眼的方法往外掏，也不准用压风吹这些炮眼，不得将炮眼残底继续加深，因为以上这些做法都有可能引起爆炸。处理瞎炮后，放炮员要详细检查炸落的煤、矸，收集没有爆炸的电雷管，交回爆炸材料库。

在水利工程施工过程中，通过掌握爆破施工技术，可以确保水利工程施工的顺利开展。而且在水利工程施工中应用爆破施工技术，可以全面保证水利工程施工进度提速和施工质量。当前水利工程施工中爆破工程技术应用十分广泛，在具体应用中需要从设计和施工方面严格要求，全面提高爆破水平和操作水平，确保爆破工程技术能够在水利工程施工中发挥出更大的作用。

第七节　水利工程施工中堤坝防渗加固技术

水利工程项目的相关建设中，堤坝的防水性能和结构稳定性能否达到既定标准，直接决定了整个水利工程的施工质量。堤坝的施工在整个水利水电工程中，都是至关重要的，也是整个工程项目的基础和前提。影响其施工质量的客观因素种类较多，而堤坝的施工所涉及的技术也较为繁多，如此一来，就为施工质量的控制增加了难度。为了能够保障水利工程项目的安全性，确保在后期使用中能够发挥出最佳的效用，相关施工人员应当重视堤坝的防渗加固技术，制定合理的施工方案，使得这一技术能够在水利工程建设中达到最佳效果，从而有效提升水利建筑的工程质量。

一、堤坝防渗加固在水利工程施工中的重要性

随着我国科技水平的发展，水利工程建设等基础建筑行业越来越受到重视。然而，由于技术水平和管理手段在行业实际发展过程中还不够完善，使得我国许多已经完工的水利工程在投入使用之后，才发现存在安全隐患，不仅会影响该建筑的正常使用，还会威胁到社会财产安全以及人民的生命安全。

在水利工程施工时，渗透破坏是堤防工程中的常见问题，堤坝容易受到水流侵蚀而出现渗漏，长此以往甚至还会产生逐渐坍塌的现象。对堤坝产生的破坏，直接影响整个水利工程的运作，同时还会对周边的生态体系、居住环境、社会安全造成严重影响。因此堤坝防渗加固在堤防施工中应作为施工的重中之重，一旦在施工过程中出现渗透破坏，应遵循前堵、中截、后排的原则，结合工程实际对堤身、堤基防渗加固方法进行分析，并采用合理、科学的防治加固措施，充分保证堤防工程的安全性。

二、水利工程施工中堤坝防渗加固技术的合理使用

（一）施工方案的合理规划

在水利项目的施工中，将堤坝防渗加固技术应用进来，主要是为了提升整个工程项目的建筑质量，增强其安全性能，减少安全事故发生的概率，同时对整个工程的结构进行系统、完整的优化。施工方案的制定是整个工程开始的前提和基础，因此这一环节无疑是至关重要的，要求设计人员必须充分了解整个工程的周边环境、预算、用途等情况，并对这些数据统筹分析，与施工的目的结合起来，寻找其中的平衡点，制定最佳的施工方案，为具体的施工提供指导和依据。

（二）堤坝防渗加固技术应用时需要遵循的原则

由于水利工程项目的特殊性，尤其是公共基础性质比较强，与人们的社会生产生活息息相关，因此必须遵循既定原则，通过有序的施工确保其质量。首先，在进行堤坝部分施工时，随着社会发展的变化，必须收集更多的有用信息，特别是要对周边地域环境进行周密的调查和考察，从而为设计方案的制定提供数据。同时，在选择堤坝防渗加固技术时，需要考虑到工程的实际用途，以及当前情况下的工程预算，从而根据成本的使用制定完善的管理措施，并在施工中加强监督与控制。此外，根据工程的实施进度，应当安排周期性的质量管理与检测工作，确保每一个环节的施工都不存在纰漏，保证整体质量达到要求。

（三）堤坝防渗加固常用技术

1. 速凝式低压灌浆技术

这种技术主要适用于水位较高的情况，需要施工人员充分了解水流上涌位置的分布以及地质情况，选择恰当的位置进行钻孔施工，将具有凝固作用的填充物质注入其中，从而控制水流的速度，增加阻力，最终阻挡水流侵蚀。但是这种方法适用范围较小，操作起来不够便捷，还需要进一步改进。

2. 帷幕灌浆技术

这一技术是否可以采用，需要结合平行面上堤坝所呈现出来的曲直程度来决定。它的优势在于操作比较便捷，能够选用质量较轻的钻孔工具，同时在位置的选择上也比较灵活，可以根据实际情况的变动来进行合理的调整，而不会影响最终的施工效果。这种方法因其明显的优越性而备受青睐，在我国现阶段的水利工程施工中，是一种比较常见的堤坝防渗加固技术。

3. 灌浆加固法

这种方法在堤坝施工的灌浆和堆砌阶段使用最为广泛，通过填补堤坝表面存在的细小空隙，增加其结构稳定性，使其更加牢固。在施工中使用该技术必须注意，要对压力作用的面积和频率采取严格的控制方案，以防过度加压造成堤坝出现变形情况。

4. 混凝土防渗墙的使用

就现阶段我国水利工程堤坝施工的技术水平来看，采取额外的防范措施是十分必要的。混凝土防渗墙的存在就是为了设置双重保护，进一步减少水流对堤坝的侵蚀和冲击，减缓

施工阶段堤坝所需要承受的压力和外界环境因素所造成的影响，从而保证其安全性能，确保在施工阶段堤坝的质量不会影响到整个工程的顺利进行。

综上所述，堤坝的施工在水利工程建设中，有着十分关键的作用，也是整个工程备受关注的一个重点环节。近年来，堤坝的防渗加固越来越受到重视，在施工中应用较为先进的技术取得了显著成果。在具体的施工过程中，施工单位应根据实际情况，谨慎选择适用的防渗加固技术，不放过每一个环节，严格把关堤坝施工的质量，从而保证整个水利工程施工的安全性。

第八节　水利工程施工的软土地基处理技术

水利工程在施工建设中展现出了重要地位，这些工程往往实施软土地基之上。在这其中，软土地基的施工技术会和水利工程施工质量相挂钩。软土地基会拥有很大的空隙，展现出较高的含水量，因此，就降低了承载力。对软土地基进行有效处理迫在眉睫。软土地基有一定的危害性，这对于水利工程的施工产生了一定的影响和阻碍。因此，水利工程施工的过程中就应该合理运用软土地基处理技术，让工程顺利、稳定地开展。

一、软土地基概述

（一）软土地基的定义

水利工程和民生社稷存在很大的关联，在进行选点的过程中往往是在河、海岸边湿度比较高的地方。通常是以软土地基为基础，其中涵盖了比较多的黏土、粉土和松软土，同时，也拥有一定的细微颗粒有机土，泥炭和松散的砂石也是其中的一部分。软土地基并没有良好的稳定性，内部有比较大的空隙，如果接触到了水分的侵蚀，就会出现土质下降的问题。在进行水利工程建设的过程中，对软土地基，就应该进行长时间的排水准备，让地基得到固结处理。

（二）软土地基的特征

1. 低透水。软土地基往往是由淤泥质黏性土构成。这样的地基性质并不能在渗水层面有很大的效果。在开展施工之前，要对软土地基进行处理，主要是从排水性能层面出发，其中经常受到关注的便是排水固结方法。在进行软土地基排水的过程中，往往要涉及很大的精力，地基在沉降上会花费比较多的时间；

2. 高压缩。软土地基自身并没有较强的强度。这样，就会有一定的压缩空间。在增加工程的质量时，软土地基就会受到工程的影响，受到一定的压力。压力的大小和塌陷之间是处于正比的关系。在其中有一个临界值，那就是在压力超过 0.1MPa 的时候，软土地基就会发生变形，严重的可能会出现塌陷的问题；

3. 沉降速度快。通常情况下，我们从建筑的地面层面着手。如果地面建筑高，就会加剧软土地基的沉降速度。在相同的软土地基条件下，工程的总体质量就会出现很大的沉降；

4.拥有不均匀的特点。一般来说，软土地基在密度上存在很大的不同。同时，还会涉及不同强度的土质。在软土地基接受不同力度的时候，地面建筑的作用导致地面、建筑出现裂缝的问题，在长时间压力下，就会出现坍塌的问题。

二、影响软土地基处理技术选择的因素

影响软土地基处理技术选择的因素有很多，如果在进行处理技术选择的过程中，没有关注其中涉及的影响因素，那么就会对水利工程的质量产生很大影响。由此，下面着重从工艺、施工周期、工程质量和环境层面分析，具体如下：

（一）工艺性的选择

在水利工程施工的过程中，往往涉及了比较多的施工工艺。但是，其中的质量标准是从工程的等级上确定的。比如，国家级的水利工程施工和地方性的水利工程施工在材料、工艺和质量的要求上就存在很大的差别。因此，在针对工艺选择上，就应该着重关注工程的成本，还要考察施工的具体环境等内容。

（二）工程质量要求

通常情况下，工程的具体用途和建设的等级存在差异，就会对水利工程质量标准产生一定的影响，并展现出不同。所以，在水利工程施工运行的过程中，要值得注意的是，并不是软土地基在处理上越完美越好，还应该注意工程的质量和造价等层面的内容。

（三）工程工期要求

在水利工程施工建设的过程中，比较重要的一个事项就是建设工期。要对施工的建设时间进行重点把控，不能因为过短或者过长的工期而影响工程的整体质量。因此，在实际开展施工的过程中，就要积极关注水利工程的工期要求。在此，应该对工程的各个阶段时间进行合理安排，从整体上保证工程的时间符合要求。在进行软土地基处理技术选择的过程中，就要十分依赖整个水利工程的工期。

三、水利工程施工中软土地基处理技术

在水利工程开展施工的过程中，就应该针对软土地基实行针对性的处理技术。在其中要关注土质的硬度和强度，对材料进行重点选择。通常，水利工程施工中软土地基处理技术涉及了排水砂垫层技术、换填垫层处理技术、化学固结处理技术和物理旋喷处理技术。下面对水利工程施工所运用的处理技术进行一一阐释，具体如下：

（一）排水砂垫层技术

排水砂垫层主要是把其中的一层砂垫层铺设在软土地基的底部。在进行该工作环节的过程中，就应该要求砂垫层有较高的渗水性，让排水的面积变得越来越大，拥有十分广泛的领域。在填土的数量逐渐增加的情况下，软土地基上就会拥有比较大的负荷，水分也会逐渐流走，并经过砂垫层。在此背景下，软土地基就需要进行不断的加固，以此和工程建筑的标准和设计要求相吻合。为了让砂垫层更好地进行渗水，就应该让砂垫层上面拥有隔

水性能比较好的黏土性。在此模式下，地下水就不会出现反渗水的现象。垫砂层在进行材料选择的过程中，就应该从强度大和缝隙大的透水材料层面着手，其中具有代表性的就是鹅卵石和粗砂等。在排水砂垫层之中，经常是运用具有大量水分的淤泥性质的黏性土，还有泥炭等。这样，在排水的过程中，就会让土质的压缩性得到减小。

（二）换填垫层处理技术

换填垫层主要是通过机械设备对浅层范围内的软土层进行挖掘和整合，转变为具有较高强度和较高稳定性的矿渣和碎石等材料。随之，要实行分层务实和振动的措施，让地基的承载能力和抗变性得到全方位的提升。在具体开展施工的过程中，就应该对底层材料进行优质选择，要保持谨慎的态度，并关注高强度和小压缩性。在发现空隙的时候，就应该运用透水性能比较好的材料进行排水。这样，软土地基在凝结上会上升到一定的空间。在针对浅层地基进行处理的过程中，着重关注低洼地域和淤泥质土的回填处理。这个时候就可以运用换填垫层处理技术。一般情况下，换填垫层在进行处理的过程中，为了防止出现低温冻涨，让固结处理得到进一步加快的背景下，就应该在填土层面空留一些缝隙。针对具体的空隙进行排水。在技术实际运行的过程中，就应该科学和合理的选择施工材料，要让材料拥有较高的硬度，其中，最为合适的材料便是沙砾、碎石和粗砂。

（三）化学固结处理技术

对化学固结处理技术进行全方位阐释，其主要涵盖了灌浆法、水泥土搅拌、高压注浆三种形式。对这三种形式进行分析，都是把固化剂和软土黏合在一起，这样，就会让深层的软土拥有较高的硬度。最终，在提高软土地基的硬度和强度的情况下，让工程质量得到保证。灌浆往往是从土体的裂缝出发，在其中灌入水泥浆。在其中借助土体物理力学性质，对其结构进行转变，并实现固结。通过这样的手段，就会让地基的陷入程度减少。地基的承载能力在很大程度上得到了提高。这样的处理技术，特别适用于含水量比较高的地基，这也使其具备较强防渗漏的作用。水泥土的搅拌处理技术，往往涉及了五米左右的加固深度，在进行实际使用的过程中应该对土质开展强度的验证。这样，才会确定出合适的水泥掺和量。该技术适合那些含水比较多和厚度比较大的软土地基。在进行化学固结处理技术实行的过程中，施工方应该对地基和水泥之间会产生的化学反应进行重点分析和把握，在制定出有效的管理举措下，能够让地基固化速度逐渐提升。

（四）物理旋喷处理技术

在软土地基处理技术运用的过程中，其中具有代表性和经常运用的一种技术就是物理旋喷处理技术。该技术运用的过程中，能够在注浆管自软土拥有一定深度进行缓慢上升的同时，实行高速旋喷模式，能够通过混合加固喷射的形式，展现出完美的喷桩。在此，就可以让地基进行扭动，软土地基拥有较强的强度。在实行该处理技术的过程中，要适当运用。比如，针对那些有机质成分较高的地基就不宜运用这种技术。针对有机质成分非常高的土层中是禁止运用该技术的。

综上所述，在当前我国水利工程软土地基处理的时候往往隐含一定的问题。众多问题的影响会对水利工程的周期产生很大的阻碍，导致周期和实际工程标准相背离。由此，要对软土地基进行进一步的了解，关注其中涉及的软土处理技术。在具体施工的过程中，就应该关注工程的具体情况，能够对造价成本进行重点控制，选择合理的处理技术。在对软土地基处理效果进行重点优化的情况下，能够保障水利工程的整体质量更加安全和科学。希望本节对水利工程施工中软土地基技术的分析，能够为水利工程的运行提供参考。

第九节　水利工程施工中土方填筑施工技术

在水利工程的具体施工过程中，涉及很多方面的施工技术，其中土方填筑施工技术有着很多方面的优势，对于整体的工程建筑都有着十分重要的作用，可以确保水利工程施工得到更有序地推进，确保整体工程的质量和性能。然而，同时也要着重看到，该项施工技术的工序比较复杂，所涉及的范围和内容十分广泛，对相关的流程和步骤都有着严格的要求，如果在具体的施工过程中没有按照相对应的施工要求严格操作，会造成十分严重的后果。从具体的操作流程和工序来看，主要是从清理场地起步，然后结合实际情况进一步加工填筑材料，最后用推土机把辅料进行相对应的平整，进一步对其进行震动碾压。其中每一个环节都要进行严格细致的把控，并对最后的结果进行认真检验，确保其质量合格之后才能投入应用。据此下文着重探究水利工程施工中土方填筑施工技术等相关内容。

一、水利工程施工中土方填筑施工的基本流程

在水利工程的具体施工过程中，有针对性地进行土方填筑，在具体的操作环节主要分成三大板块，分别是材料拌和、土方挖掘及混合材料填筑。有针对性地结合具体的施工计划，必须要在施工之前做好相对应的准备工作，进一步结合相关数据，有效划分各个填筑单元，划分完毕之后，要着重针对填筑单元实施相对应的测量和放样。与此同时，为了确保充分满足后期的建筑需求，要进一步平整土地，使地面的松土得到切实有效的清理，从根本上有效满足基面验收的具体标准。把所有的准备工作完成之后，要结合具体情况有针对性的测量各区段边线的具体数据，在这个过程中可以用撒白灰的方式进行标注。然后结合工程的需要进一步准备相对应的填筑料，并结合具体的施工内容和类别，选取更科学合理的填筑料，同时在事先做好放样的制定区域摊铺填筑料，同时要科学合理的控制和管理相应的厚度。摊铺之后，要碾压填注料，然后进一步加强其铺设的厚度。针对取样而言，要进行严格的检验，如果在检验的过程中发现某些不合格的问题，要进一步重复的碾压，同时要再一次的进行抽样检验，一直到检验合格之后才能推进下一阶段的填土层施工。

二、在水利工程土方填筑施工过程中的注意事项

水利工程中的土方填土施工，在具体的施工中，相对来说施工程序十分复杂，所以必须着重把握其注意事项，它的施工质量和整体工程有着至关重要的紧密联系，在具体的施工过程中要严格把关，从根本上有效贯彻落实相关方面的基本原则，有效遵循土方填土中

所涉及的三个大的基本原则，分别是就近取料、挖填结合、均匀施工等。土方填筑具体的施工环节，一定受到很多方面的因素影响，特别是客观环境的影响程度比较大，所以要有针对性的结合施工现场的具体情况以及施工材料等相关因素，进一步科学合理的规划好出料场的位置，真正意义上有效执行就近取料的原则；而挖填结合不要指的是在施工的前期，要根据工程的具体规划和设计内容，针对施工的相关环节和因素都要进行全面深入的考察，并着重针对工程土方、填筑总量、施工质量等一系列相关情况进行详细深入的测量和计算；在具体的水利工程填土施工环节，同时要有效贯彻落实均匀施工的基本原则，在有效利用装卸车把材料运输到施工场地之后，之后再采用进占倒退铺土法把填筑料卸到土层路面上，之后在结合实际情况选用推土机对其进行平整和铺设，同时严格细致的检验碾压的宽度，从根本上有效确保满足既定的碾压要求，然后再预留出超出设计线20~30cm。然后再有效利用人工和机器密切配合的方式，在最大程度上降低人力的劳动强度，以此确保筑土料和填筑料的硬度。

三、水利工程施工中土方填筑施工技术的施工要点

（一）在施工之前所进行的准备工作

施工前期的准备工作与整体水利工程的质量和性能以及工程造价和进度等都有着至关重要的紧密联系，切实有效的着重做好施工准备，能够有效确保整体的施工过程更有章可循、有法可依，使相关的操作更有针对性和高效性。针对土方填筑的前期准备工作来说，要结合实际情况更有效地进行相关方面的碾压试验以及涂料的试验等工作，并着重做好人员安排，选用更科学合理的材料，并配备相对应的施工机器等等。与此同时，在整体的土方填筑施工环节，要着重针对基面进行切实有效的清理，同时要确保边界得到更有效的控制，确保整体的基面能够保持清洁。土方填筑之前所涉及的准备工作，还包括铺料方式、铺料厚度、碾压遍数、铺料的含水量等一些相关情况的预测和规划，通过这样的方法为后续的填筑施工提供更有针对性的施工技术参数，确保各项工作能够更有条不紊地推进。

（二）水利工程中的土方填筑

在具体工作的推进过程中，要着重根据施工方案和施工现场的地形结构等情况进一步实施土方填筑工作，同时要进一步有效实施摊铺、平料、压实、质检、处理等相关方面的具体操作。在填筑过程中，针对物料的填筑而言，要有针对性的选用自卸汽车进行运输装卸，用推土机平土、压实。在具体的施工环节要贯彻落实从上到下逐层填筑的基本原则，确保每一层的施工面理论厚度不超过30cm。然而也要进一步结合具体的地形地貌以及施工现场的气候条件等一系列相关因素进行综合性的衡量，具体的铺设厚度要有针对性的结合施工前期所进行的碾压实验，来针对厚度进一步有效增减。在平料的过程中，要着重针对施工细节进行科学合理的把控，在最大程度上规避大型施工机具靠近岸墙碾压，从根本上杜绝挡土墙某种程度上出现位移或者沉降的问题。在实际的施工过程中，相关工作完成之后，要对其进行及时有效的检验和审核，从根本上保证其不出现沟渠等问题，进一步确保地面的平整程度，如果在某种程度上出现一定问题，要及时有效的对其进行修正，可以

有效通过液压的反铲实施削坡,在稳定平整挂线之后利用人工的方式,对其进行有针对性的调整和修理,使其能够真正意义上与工程的质量标准高度吻合。

(三) 水利工程中的路基填筑

在水利工程的土方填筑过程中,路基的填筑是其中至关重要的组成部分,它也是整体工程的基础所在。水利工程的路基填筑要进一步进行实验和测量,有针对性的严格按照相应的规范流程和实验结果,进一步参考后期的参数依据,推进各项工作。在试验完毕之后,要进一步明确施工过程中的相关数据,然后有效利用反铲的现场拌和的方式,在每隔10m的地方设置相对应的中边柱,同时结合具体的施工数据,进行更精准有效的测量。在基面对杂物进行清理合格之后,要进一步水泥回填,在这个过程中要确保水泥料的压实度和湿度都与相关要求高度吻合,以此保证整体工程的施工质量。

总而言之,通过上文的分析,我们能够很明显地看出,水利工程施工过程中所涉及的土方填筑施工技术有着至关重要的作用,它与水利工程的整体质量和工程造价,施工进度等有着至关重要的紧密联系。在当前水利工程事业不断飞速发展的同时,土方填筑技术使工程的性能得到进一步增强,确保水利工程能够创造更大的效益。

第六章 水利工程建设项目管理

第一节 水利工程建设项目管理初探

随着我国建筑业管理体制改革的不断深化,以工程项目管理为核心的水利水电施工企业的经营管理体制,也发生了很大的变化。这就要求企业必须对施工项目进行规范的、科学的管理,特别是加强对工程质量、进度、成本、安全的管理控制。

一、水利工程建设项目的施工特性

我国实行项目经理资质认证制度以来,以工程项目管理为核心的生产经营管理体制,已在施工企业中基本形成。2001年,建设部等颁布了《建设工程项目管理规范》国家标准,对建设工程项目的规范化管理产生了深远影响。

水利工程的项目管理,还取决于水利工程施工的以下特性:

1. 水利工程施工经常是在河流上进行,受地形、地质、水文、气象等自然条件的影响很大。施工导流、围堰填筑和基坑排水是施工进度的主要影响因素;

2. 水利工程多处于交通不便的偏远山谷地区,远离后方基地,建筑材料的采购运输、机械设备的进出场费用高、价格波动大;

3. 水利工程量大、技术工种多、施工强度高、环境干扰严重,需要反复比较、论证和优选施工方案,才能保证施工质量;

4. 在水利工程施工过程中,石方爆破、隧洞开挖及水上、水下和高空作业多,必须十分重视施工安全。

由此可见,水利工程施工对项目管理提出了更高的要求。企业必须培养和选派高素质的项目经理,组建技术和管理实力强的项目部,优化施工方案,严格控制成本,才能顺利完成工程施工任务,实现项目管理的各项目标。

二、水利工程建设项目的管理内容

(一)质量管理

1. 人的因素。一个施工项目质量的好坏与人有着直接的关系,因为人是直接参与施工的组织者和操作者。施工项目中标后,施工企业要通过竞聘上岗来选择年富力强、施工经验丰富的项目经理,然后由项目经理根据工程特点、规模组建项目经理部,代表企业负责该工程项目的全面管理。项目经理是项目的最高组织者和领导者，是第一责任人；

2. 材料因素。材料质量直接影响到工程质量和建筑产品的寿命。因此，要根据施工承包合同、施工图纸和施工规范的要求，制定详细的材料采购计划，健全材料采购、使用制度。要选择信誉高、规模大、抗风险能力强的物资公司作为主要建筑材料的供应方，并与之签订物资采购合同，明确材料的规格、数量、价格和供货期限，明确双方的职责和处罚措施。材料进场后，应及时通知业主或监理对所有的进场材料进行必要的检查和试验，对不符合要求的材料或产品予以退货或降级使用，并做好材料进货台账记录。对入库产品应做出明显标识，标识牌应注明产品规格、型号、数量、产地、入库时间和拟用工程部位。对影响工程质量的主要材料（如钢筋、水泥等），要做好材质的跟踪调查记录，避免混入不合格的材料，以确保工程质量；

3. 机械因素。随着建筑施工技术的发展，建筑专业化、机械化水平越来越高，机械的种类、型号越来越多，因此，要根据工程的工艺特点和技术要求，合理配置、正确管理和使用机械设备，确保机械设备处于良好的状态。要实行持证上岗操作制度，建立机械设备的档案制度和台账记录，实行机械定期维修保养制度，提高设备运转的可靠性和安全性，降低消耗，提高机械使用效率，延长机械寿命，保证工程质量；

4. 技术措施。施工技术水平是企业实力的重要标志。采用先进的施工技术，对于加快施工进度、提高工程质量和降低工程造价都是有利的。因此，要认真研究工程项目的工艺特点和技术要求，仔细审查施工图纸，严格按照施工图纸编制施工技术方案。项目部技术人员要向各个施工班组和各个作业层进行技术交底，做到层层交底、层层了解、层层掌握。在工程施工中，还要大胆采用新工艺、新技术和新材料；

5. 环境因素。环境因素对工程质量的影响具有复杂和多变的特点。例如春季和夏季的暴雨、冬季的大雪和冰冻，都直接影响着工程的进度和质量，特别是对室外作业的大型土方、混凝土浇筑、基坑处理工程的影响更大。因此，项目部要注意与当地气象部门保持联系，及时收听、收看天气预报，收集有关的水文气象资料，了解当地多年来的汛情，采取有效的预防措施，以保证施工的顺利进行。

（二）进度管理

进度管理是指按照施工合同确定的项目开工、竣工日期和分部分项工程实际进度目标制定的施工进度计划，按计划目标控制工程施工进度。在实施过程中，项目部既要编制总进度计划，还要编制年度、季度、月、旬、周季度计划，并报监理批准。目前，工程进度计划一般是采用横道图或网络图来表示，并将其张贴在项目部的墙上。工程技术人员按照工程总进度计划，制定劳动力、材料、机械设备、资金使用计划，同时还要做好各工序的施工进度记录，编制施工进度统计表，并与总的进度计划进行比较，以平衡和优化进度计划，保证主体工程均衡进展，减少施工高峰的交叉，最优化地使用人力、物力、财力，提高综合效益和工程质量。若发现某道主体工程的工期滞后，应认真分析原因并采取一定的措施，如抢工、改进技术方案、提高机械化作业程度等来调整工程进度，以确保工程总进度。

（三）成本管理

施工项目成本控制是施工项目工作质量的综合反映。成本管理的好坏，直接关系到企业的经济效益。成本管理的直接表现为劳动效率、材料消耗、故障成本等，这些在相应的施工要素或其他的目标管理中均有所表现。成本管理是项目管理的焦点。项目经理部在成本管理方面，应从施工准备阶段开始，以控制成本、降低费用为重点，认真研究施工组织设计，优化施工方案，通过技术经济比较，选择技术上可行、经济上合理的施工方案。同时根据成本目标编制成本计划，并分解落实到各成本控制单元，降低固定成本，减小或消灭非生产性损失，提高生产效率。从费用构成的方面考虑，首先要降低材料费用，因为材料费用是建筑产品费用的最大组成部分，一般占到总费用的60%~70%，加强材料管理是项目取得经济效益的重要途径之一。

（四）安全管理

安全生产是企业管理的一项基本原则，与企业的信誉和效益紧密相连。因此，要成立安全生产领导小组，由项目经理任组长，专职安全员任副组长，并明确各职能部门安全生产责任人，层层签订安全生产责任状，制定安全生产奖罚制度，由项目部专职安全员定期或不定期地对各生产小组进行检查、考核，其结果在项目部张榜公布。同时要加强职工的安全教育，提高职工的安全意识和自我保护意识。

三、水利工程建设项目管理的注意事项

（一）提高施工管理人员的业务素质和管理水平

施工管理工作具有专业交叉渗透、覆盖面宽的特点，项目经理和施工现场的主要管理人员应做到一专多能，不仅要有一定的理论知识和专业技术水平，还要有比较广博的知识面和比较丰富的工程实践经验，更需要具备法律、经济、工程建设管理和行政管理的知识和经验。

（二）牢固树立服务意识，协调处理各方关系

项目经理必须清醒地认识到，工程施工也属于服务行业，自己的一切行为都要控制在合同规定的范围内，要正确地处理与项目法人（业主）、监理公司、设计单位及当地质检站的关系，以便在施工过程中顺利地开展工作，互相支持、互相监督，维护各方的合法权益。

（三）严格执行合同

按照"以法律为准绳，以合同为核心"的原则，运用合同手段，规范施工程序，明确当事人各方的责任、权利、义务，调解纠纷，保证工程施工项目的圆满完成。

（四）严把质量关

既要按设计文件执行施工合同，又要根据专业知识和现场施工经验，对设计文件中的不合理之处提出意见，以供设计单位进行设计修改。拟订阶段进度计划并在实施中检查监督，做到以工程质量求施工进度，以工程进度求投资效益。依据批准的概算投资文件及施工详图，对工程总投资进行分解，对各阶段的施工方案、材料设备、资金使用及结算等提

出意见，努力节约投资。

（五）加强自身品德修养，调动积极因素

现场施工管理人员特别是项目经理，必须忠于职守、认真负责、爱岗敬业、吃苦耐劳、廉洁奉公，并维护应有的权益。通过推行"目标管理，绩效考核"，调动一切积极因素，充分发挥每个项目参与者的作用，做到人人参与管理、个个分享管理带来的实惠，才能保证工程质量和进度。

水利工程建设项目管理是一项复杂的工作，项目经理除了要加强工程施工管理及有关知识的学习外，还要加强自身修养，严格按规定办事，善于协调各方面的关系，保证各项措施真正得到落实。在市场经济不断发展的今天，施工单位只有不断提高管理水平，增强自身实力，提高服务质量，才能不断拓展市场，在竞争中立于不败之地。因此，建设一支技术全面、精通管理、运作规范的专业化施工队伍，既是时代的要求，更是一种责任。

第二节 水利工程建设项目管理方法

水利工程管理是保证水利工程正常运行关键环节，这不仅需要每个水利职工从意识上重视水利工程管理工作，更要促进水利工程管理水平的提高。本节对水利工程管理方法进行探讨研究。

一、明确水利工程的重大意义

水利工程是保障经济增长、社会稳定发展、国家食物安全度稳定提高的重要途径。使我们能够有效地遏制生态环境急剧恶化的局面，实现人口、资源、环境与经济、社会的可持续利用与协调发展的重要保障。特别是水利工程的管理涉及社会安全、经济安全、食物安全、生态与环境安全等方面，在思想上务必要予以足够的重视。

二、水利工程建设项目存在的问题

（一）管理执行力度不够

我国的水利工程建设项目管理普遍存在执行力度不够，不能很好地按照法律规定进行规范的管理工作，在实际工程项目管理中，项目管理人员对施工现场控制力不足，导致产生各种各样工程问题，没有相对应的管理人员对机械设备进行操作管理，导致工作人员对机械设备操作不当，产生失误，造成资源损失，缺乏对机械设备维护管理，在材料采购过程中监管力度不足，使得一些不合格材料进入施工工程，存在偷工减料现象，造成水利工程出现质量问题，对工程质量控制不力。

（二）管理体制不完善

水利工程建设项目管理体制不完善，在各方面管理制度建立不健全，例如在招标过程

中，不能严格遵守公平原则进行招标，存在暗箱操作现象，导致一些优秀施工企业不能公平中标，影响了施工工程市场管理体系，施工现场安全设施建立不完整，工作人员安全得不到保障，管理体制落后，管理人员对有关的工程工作人员监督不力，对工作人员的管理方式传统，相关的管理制度得不到有效执行，降低了施工效率。缺乏有力的制度保障，对法律法规不重视，存在违法违规行为，需要政府机构参与协调管理，但相关部门没有完整的管理体制，不能清晰地明确各部门管理职责，各部门工作之间的关联程度较高，相互混杂，无法协调管理工作的正常进行，不能合理有效进行项目管理。

三、提高水利工程建设项目管理的措施

（一）加强项目合同管理

水利工程项目规模大、投资多、建设期长，又涉及与设计、勘察和施工等多个单位依靠合同建立的合作关系，整个项目的顺利实施主要依靠合同的约束进行，因此水利工程项目合同管理是水利工程建设的重要环节，是工程项目管理的核心，其贯穿于项目管理的全过程。项目管理层应强化合同管理意识，重视合同管理，要从思想上对合同重要性有充分认识，强调按合同要求施工，而不单是按图施工。在项目管理组织机构中建立合同管理组织，使合同管理专业化。如在组织机构中设立合同管理工程师、合同管理员，并具体定义合同管理人员的地位、职能，明确合同管理的规章制度、工作流程，确立合同与质量、成本、工期等管理子系统的界面，将合同管理融于项目管理的全过程之中。

（二）加强质量、进度、成本的控制

1. 工程质量控制方面。一是建立全面质量管理机制，即全项目、全员、全过程参与质量管理；二是根据工程实际健全工程质量管理组织，如生产管理、机械管理、材料管理、试验管理、测量管理、质量监督管理等；三是各岗工作人员配备在数量和质量上要有保证，以满足工作需要；四是机械设备配备必须满足工程的进度要求和质量要求；五是建立健全质量管理制度。

2. 进度控制方面。进度控制是一个不断进行的动态过程，其总目标是确保既定工期目标的实现，或者在保证工程质量和不增加工程建设投资的前提下，适当缩短工期。项目部应根据编制的施工进度总计划、单位工程施工进度计划、分部分项工程进度计划，经常检查工程实际进度情况。若出现偏差，应共同与具体施工单位分析产生的原因及对总工期目标的影响，制定必要的整改措施，修订原进度计划，确保总工期目标的实现。

3. 成本控制方面。项目成本控制就是在项目成本的形成过程中，对生产经营所消耗的人力资源、物质资源和费用开支进行指导、监督、调节和限制，把各项生产费用控制在计划成本范围之内，保证成本目标的实现。项目成本的控制，不仅是专业成本人员的责任，也是项目管理人员，特别是项目部经理的责任。

（三）施工技术管理

水利水电工程施工技术水平是企业综合实力的重要体现，引进先进工程施工技术，能够有效提高工程项目的施工效率和质量，为施工项目节约建设成本，从而实现经济利益和

社会利益的最大化。应重视新技术与专业人才,积极研究及引进先进技术,借鉴国内外先进经验,同时培养一批掌握新技术的专业队伍,为水利水电工程的高效、安全、可靠开展,提供强有力保障。

近年来,水利工程建设大力发展,我国经济建设以可持续发展为理念进行社会基础建设,为了提高水利工程建设水平,对水利工程建设项目管理进行改进,加强项目管理力度,规范水利工程管理执行制度,完善工程管理体制,对水利工程质量进行严格管理,提高相关管理人才的储备、培训、引进,改进项目管理方式,优化传统工作人员管理模式,避免安全隐患的存在,保障水利工程质量安全,扩大水利工程建设规模,鼓励水利工程管理进行科学技术建设,推进我国水利工程的可持续发展。

第三节 水利工程建设项目管理系统的设计与开发

一、工程背景

2011年《中共中央国务院关于加快水利改革发展的决定》提出"大兴农田水利建设,加快中小河流治理和小型水库除险加固,抓紧解决工程性缺水问题,提高防汛抗旱应急能力,继续推进农村饮水安全建设",这标志着我们国家的水利项目建设工作即将迈入新的发展阶段。众所周知,水利项目是一种意义独特的项目,它所需的资金较多、建设步骤烦琐、参与机构众多、质量规定严苛,监督工作无法顺利开展,容易出现腐败现象。对此,怎样提升项目监管力度,避免腐败问题出现,就成了项目建设监管部门必须认真对待的工作内容。

通过分析我们可知,对于上述问题的最佳处理办法就是切实按照法规条例分析问题。目前水利机构已经出台了很多规章,如"水利工程建设项目施工监理规程"(SL 288-2003)、"水利水电建设工程验收规程"(SL 223-2008)、"水利水电工程施工质量检验与评定表"(SL 176-2007)等。不过,因为项目的建设内容存在很多不同之处,依旧有很多问题存在,比如参建机构的水平较低、员工的素养不高、法规意识淡薄等,这就导致了很多规章过于形式化,未真正落到实处,没有发挥出它们的存在价值。

进入到二十一世纪之后,科技高速发展,电脑以及通信技术等高科技开始运用到水利工作之中,换句话讲水利工作开始进入到信息化时代。利用信息科技创新水利项目管理体系,实现全网办公,成为水利信息化的重要内容。对于项目管理信息体系的创建工作来讲,目前已有很多水利机构开展了此方面的试点,并且获取了显著成就。总的来讲,依托当前的技术规章,我们国家的水利单位正在不断完善自身的项目管理体系,使得项目管理工作更加公开,规范。该体系的存在为我们创造了一个相对公开公平的网络监控氛围,保证了项目建设工作能够切实依据规定开展,对于提升项目价值有着非常重要的作用。

二、需求分析

依据工作的差异，我们可以将系统用户划分为两类：第一类，项目参与方。项目建设工作的具体落实单位，具体来讲主要涵盖了项目业主以及设计了实施机构、后续的监理机构等，它们主要负责收录信息，审核流程等；第二类，项目监管方。项目建设管控工作的主管机构，具体涵盖水利厅主管部门、建设处、水库处、水土保持处、农村水利处、财务处、安全监督处、监察室等，它们主要负责批复流程、制定决策等。

依据项目执行过程的不同，可以将项目建设管理工作分成三个时期：第一，论证时期。该时期的主要负责机构是项目业主方和其主管方，它们的工作内容主要有三个部分，分别是研究项目可行性、立项、下达项目；第二，建设时期。顾名思义，该时期主要和项目业主以及设计和施工、监理等机构有密切的关联，它们的工作内容主要是招投标、订立合约、审批报告、变更设计、安全管控等；第三，运维时期。该时期的用户主要有两方，分别是运维管控机构以及上层主管方，它们的工作内容有三个部分，分别是运维管控、平时维护以及质量督查。

三、系统设计

（一）建设目标

该系统成立之初的目的是依托现行的技术条例，借助遥感以及通信技术等先进科技，创建涵盖项目建设全阶段的项目建设管理平台，以此来确保管理工作更加有序，更加规范。它的存在明显提升了项目管理工作的公开性，为后续的项目监管工作等的开展提供了所需的信息。

（二）系统架构

水利工程建设项目管理系统采用以数据库为核心的 Client/Server 模式开发。其结构主要有三层：第一，数据层。项目建设以及管控时期的所有的信息资料，比如图片以及视频等，它们的存在是为了给业务活动提供所需的信息；第二，业务层。项目建设和管控时期的所有的业务活动，比如项目审批以及审报、设计变更以及验收等等的内容；第三，表现层。像是建设以及管控时期的所有的人机交互活动，比如，信息存储、网络报批以及查询。它主要是用来直接和使用人交互信息的，必须确保其能够便于使用人使用，符合使用人的喜好。

（三）功能设计

第一，基本信息管理：项目参建方的各种信息的全面记录，涵盖了如下内容，分别是项目立项审批、项目基本信息、参建各方基本情况等；第二，项目制度文件：项目建设管理阶段的各种制度资料，涵盖了如下内容，分别是项目安全管理文件、质量控制文件等；第三，业主建设文件：项目业主方在项目建设以及管理时期生成的各种资料，涵盖了如下内容，分别是前期文件、项目建设文件、项目验收文件、附件资料等；第四，招标投标管理：项目招标以及投标时期的所有资料，涵盖了如下内容，分别是资格预审信息、评标会议信息、中标单位备案信息等；第五，合同费用管理：项目建设管控阶段的合同资料，涵盖了如下内容，分别是合同签订审查会签表、合同基本信息表、工程款结算支付单、合同费用支付台账等；第六，监理建设文件：项目监理方在项目管理阶段生成的资料，包括监理设计文件、监理审核文件、监理批复文件等；第七，勘察设计管理：项目勘察设计方在项目建设阶段中生成的所有的资料，涵盖了如下内容，分别是勘测任务书、勘测资料单、设计图纸通知单等；第八，计划统计管理：项目建设以及管控时期生成的计划资料，涵盖了如下内容，分别是资金使用计划、施工总计划、施工年度计划等；第九，投资控制管理：项目建设和管理时期生成的各种验收计价资料，涵盖了如下内容，分别是综合概算清单、工程量清单、工程价款支付申请书等；第十，变更索赔管理：项目建设以及管控时期生成的变更索赔资料，涵盖了如下内容，分别是变更申请报告、变更项目价格申报表等；十一，施工任务管理：项目建设以及管控时期生成的完工资料，涵盖了如下内容，分别是工程分类管理、检验批划分标准等；十二，施工质量管理：项目建设和管控时期生成的所有的施工质量资料，涵盖了如下内容，分别是水土建筑物外观质量评定表、房屋建筑安装工程观感质量评定表等；十三，安全环境管理：项目建设以及管控时期生成的安全环境资料，涵盖了如下内容，分别是应急预案、安全培训记录、安全技术交底等；十四，施工现场管理：项目建设以及管控时期生成的现场的管理资料，涵盖了如下内容，分别是施工技术方案申报表、施工图用图计划报告等；十五，监理日常管理：项目建设以及管控时期的日常监理资料，涵盖了如下内容，分别是工程开工许可证、施工违规警告通知单等；十六，竣工资料管理：项目建设以及管控时期生成的所有完工资料，涵盖了如下内容，分别是验收应提供的资料目录、法人验收工作计划格式、法人验收申请报告格式等。

四、关键技术

（一）工作流

该系统主要依靠工作流来控制并且处理业务内容，以此来实现信息高度共享，确保信息传递速率更快，对于提升项目运作稳定性来讲意义非常重要。工作流管理联盟提出工作流管理系统体系结构的参考模型，给出过程定义工具、过程定义、活动、数据流、控制流、工作流等概念，并规范了功能组成部件和接口。本系统借鉴工作流管理系统体系结构，制定了水利工程建设项目管理系统的体系结构，由三项内容组成：第一，软件构件。主要负责实现特定功能。比如定义以及审核流程等；第二，系统控制数据。存储系统和其他系统进行逻辑处理、流程控制、规则、约束条件、状态、结果等数据；第三，其他。供工作流系统调用的外部应用和数据。

（二）开放式可扩展模型

该模型构建了一个面向水利工程建设管理业务处理的可扩展框架，并使用COM组件技术加以实现。它的最基础内容是各种信息支撑科技，像是数据传递等，而它的中间层是其最为重要功能的开展区域，像是业务管控以及数据库创设等。

五、系统的初步实现

水利工程建设项目管理系统选择 Windows XP Professional 操作系统支持下的 Microsoft Visual C#.NET 2005 和 SQL Server 2008 数据库进行软件代码编写。现如今已实现了系统设计功能。

近几年来，国家和地区主管机构非常重视水利项目发展，积极投入财政资金，在这种良好的发展背景之下，我们国家的水利项目建设管理体系正在逐步形成。经过长久的实践证明，该系统的存在，可以切实提升管理工作的公开性，确保项目保证质量保证效率的进行，为项目后续发展奠定了良好的基础。我们坚信在广大水利同行的共同努力之下，我们国家的水利事业一定会发展得更加辉煌，祖国的明天必定会更加灿烂。

第七章 混凝土施工的理论研究

第一节 水利工程混凝土施工存在的问题

在我国的水利建设项目中，混凝土是重要的施工材料。但是在施工的过程中，由于一些材料质量因素、施工技术因素引发的质量问题数不胜数，使得水利工程的质量难以得到保证。因此，在施工环节，需要对其进行细致的研究。本节分析混凝土施工存在的主要问题，并找出解决的措施，以期对水利施工提供帮助。

水利工程是关系到我国基础设施建设的重要方面，关系到我国的防洪抗灾工作，因此，必须要保证水利工程施工的质量，在混凝土施工的环节，要注重环境因素的影响，注重施工技术水平的提升，注重施工人员的影响作用，将不利的因素进行规避，在施工过程中，要重视施工温度的情况，减少混凝土表面的开裂，进而保证工程的质量。

一、水利工程混凝土工程中出现的主要问题

水利工程混凝土工程中，最容易出现的问题就是裂缝问题，其次还包括碳化、冲刷等问题，混凝土出现问题的原因比较多，例如施工温度的影响、地形变化的影响等，本节对这些混凝土问题进行深入分析，具体如下：

温度引起的混凝土问题。在许多混凝土工程中，都会出现裂缝问题，这些问题往往都是由于施工温度不佳所致，因为，混凝土在凝结的过程中，会出现热胀冷缩的情况，如果温度不均匀，在凝结的过程中，就会出现裂缝，而在水利工程项目中，保证温度合适具有较大的难度，裂缝问题因此出现的概率较高，这种原因应当引起足够的重视。

地形因素引起的混凝土问题。在混凝土工程中，经常会出现地形变化的情况，这是因为在水利工程土石方挖掘之后，土层的压力情况会出现一定的改变，压力大的区域会向压力小的区域运动，导致地形出现变化，这种情况在水利工程项目中尤为明显，因为水利工程项目位于地表之下，其深度能够达到几十米，周围土层在压力的作用下，会产生一定的位移，导致地形出现变化，混凝土在浇筑和凝结之后，也会受到地形迁移的影响，容易出现裂缝和坍塌问题，这种原因是一种比较严重的诱导因素，更应当引起重视。

混凝土材料引起的问题。如果混凝土材料质量较差，也会造成混凝土出现裂缝问题，施工企业为了节省施工的成本，会选择一些质量较差的混凝土材料，这些材料往往是不合格或者存在明显缺陷的产品，在凝结的过程中，会出现较多的裂缝，这些裂缝即使是经过

后期的处理，也不能达到较高的质量水平，因此，选择质量较好的混凝土材料是保证施工质量的关键，相关部门应当监督施工单位的选材工作。

施工工艺引起的质量问题。在混凝土施工的过程中，由于不良施工工艺等因素的影响，也会造成混凝土问题，在混凝土浇筑之后，应当进行适当的保护，避免混凝土因为外界因素的影响，而出现裂缝问题，这种缺少保护的施工工艺在我国的水利工程施工工作中是比较常见的，其应当引起施工单位的重视。

外界压力引起的问题。有的水利工程混凝土施工项目结束之后，会发生压力变化，由于压力发生改变，地下土层的结构也会随之发生一些变化，混凝土在浇筑之后也会因此出现裂缝。因此，在混凝土施工之前，应当对土层的压力情况进行详细的研究，在土层能够承受的范围内进行施工作业，减少压力变化引起的质量问题。

二、水利工程混凝土施工质量问题的控制措施

在充分分析混凝土施工质量问题产生原因的基础上，可以有针对性地制定控制的措施，保证施工的质量，相关施工单位在平时施工的过程中，也应当加强这方面的研究，找出避免问题的较好方法，从而提升水利工程混凝土施工的总体质量。笔者提出的控制措施主要包括以下几点：

控制材料的质量和配比。由于混凝土材料的质量会对施工结果造成重大的影响，因此，应当在实际工作中选择质量较好的材料，并保证混凝土的配比科学合理，符合水利工程施工的规定，一般在混凝土的施工中，应当满足国家要求的防震等级及配比的要求，不能按照施工经验进行搭配，同时，施工过程中使用的其他材料，如钢筋等也要符合规定，从而保障混凝土施工不因为材料质量出现问题。

严格控制施工温度。混凝土施工对于施工现场的温度有着严格的要求，在混凝土的施工过程中，应当保证温度在合理的范围内，并减少温度出现较大的波动，在浇灌之前，应当先测量混凝土的温度，在浇灌过程中，也要测量，在施工结束之后，还应当测量，如果发现温度在这过程中有明显的变化，要通过升温和降温的措施进行解决，一般情况下，混凝土施工的温度最好在25℃左右，在凝结的过程中，还应当避免温度出现较大的变化。

合理掌控浇筑的速度。在混凝土浇筑的过程中，应当合理的掌控建筑的速度，浇筑速度不应当过快，也不应当过慢，如果浇筑的速度过快，混凝土中会存有空气，降低浇筑的质量；如果浇筑的速度过慢，会造成混凝土黏合不均匀，会给裂缝问题埋下隐患，也会降低浇筑的质量。为此，施工单位要加强研究，找出合适的浇筑速度，在施工环节进行合理应用，减少裂缝问题的出现。

保证施工的正确性。施工单位还应当加强施工管理，主要的方法就是组建专门的施工部门，让该部门负责监督混凝土施工，监督的重点环节是施工工艺、施工材料以及施工人员等，通过实时监控提升施工质量，同时，通过该部门还能加强施工进度控制，避免施工单位出现追赶工期的现象，能够保证施工项目在有序的状态下进行，在施工结束之后，要监督施工人员进行控温操作，避免因为人为因素而造成裂缝问题。

加强后期养护施工。在混凝土浇筑完成之后，施工人员要使用有效的方法加强混凝土的养护，减少裂缝的出现，一般要在混凝土表面铺设草毡，并定期进行洒水，让混凝土的凝结过程放慢，这样虽然延长了施工周期，但是防裂效果较好，施工单位可以在其他施工环节减少施工周期，给后期的养护操作争取更多的时间。

总之，水利工程项目在我国的数量较多，但是我国水利工程施工的经验比较少，出现的问题比较多，其中，在混凝土施工中，最容易出现混凝土裂缝和碳化等问题，这是影响施工质量的关键要素。相关施工单位应当选择合理的混凝土材料和施工技术，严格控制施工现场的温度，并在建成之后加强预防，使得外界因素的影响降至最低，同时，还要不断提升自身的施工水平，保证施工项目在高效的状态下进行，为我国建造出更加优秀的水利工程。

第二节 水利工程混凝土施工质量通病

混凝土施工质量与水利工程施工质量息息相关，二者相互促进。本节通过研究混凝土施工质量通病及原因，并提出解决通病的措施，为提高水利工程施工质量提供一些建议。

水利工程在我国经济发展和民生发展问题地位较高，促进我国综合国力的提升。混凝土施工是水利工程施工的重要组成部分，对整个工程有重要影响。对水利工程混凝土施工质量通病进行研究，分析其处理措施，有利于水利工程的顺利运行和美观性，提升我国综合国力，确保水利工程周围人们生命财产安全。

一、通病种类及原因分析

水利工程混凝土施工过程中，由于工艺不成熟或施工人员责任意识不强，而容易导致气泡、孔洞及裂缝的出现，对水利工程施工质量造成不良影响。下面对这几种通病现象及其产生原因进行分析：

混凝土表面通病。在施工过程中，由于多方面原因，造成混凝土成型后表面出现气泡、蜂窝及麻面等不平整现象，不仅影响水利工程的外表美观度，还可能对工程结构造成不良影响。气泡在模板和混凝土之间产生，其呈片状分布，面积较小。这是由于在混凝土浇筑过程中，由于引气剂质量不符合施工要求，其内部气体不能完全排出，使其凝结于混凝土表面，模板不能将其排除，因此成型后在混凝土表面出现气泡现象。蜂窝是混凝土由于搅拌好的混凝土由于骨料的松散造成表面出现蜂窝状的窟窿；麻点则是混凝土表面粗糙不平，出现坑洼现象。出现这两种现象的原因是混凝土搅拌过程中，拌和程度及和易性不强、坍落度大，并且模板接缝不严密，出现漏浆现象，产生蜂窝和麻点。

孔洞。孔洞是混凝土结构内部出现局部空腔的现象，其空间小于或等于结构尺寸的1/3。孔洞降低工程的承重能力，影响其抗渗性能，不利于保证水利工程正常使用寿命，对水利工程使用造成危害。孔洞出现的原因为：①在钢筋较密的部位或预留孔洞和埋设件处，混凝土下料被搁住，未振捣就继续浇注上层混凝土，而在下部形成孔洞；②由于混凝土离析、砂浆分离及石子成堆，严重跑浆，又未进行振捣，从而形成特大的蜂窝。

裂缝。裂缝在混凝土施工工程中是出现较为频繁的通病，表现为表层裂缝、贯通裂缝、横向及纵向裂缝。表面裂缝对结构影响较小，对水利工程结构影响较小；贯通裂缝在结构内部对其影响较大，会影响水利工程的抗渗能力、承载力及结构稳定性，对工程造成严重不良影响。产生裂缝的原因包括混凝土施工过程中钢筋的不适应性使应力不当；由于混凝土初凝阶段模板移位、变形或是受到外力震动而产生；另外由于施工过程中的温差过大而产生的。

二、通病应对措施

加强对水利工程混凝土施工通病的研究，并提出相应措施，提高工程施工质量，保证其正常使用。

加强物料质量监管。在进行物料采购过程中，加强物料管理工作，对其质量进行严格把控，避免出现由于材料质量问题而施工问题。水泥选购过程中，选择有质量保障的厂家，通过多家对比，选择性价比高的厂商进行合作。在接收物料过程中，要对其成分含量进行检测，并严格把握其生产日期与工期的协调，杜绝使用超过使用日期的水泥。骨料的质量控制方面，需分配好其分量，避免出现分量不足或超过使用范围的情况，混凝土其他杂物的控制需在一定比例范围内，保证其符合配比要求。施工过程中为加强混凝土的施工效果而加入的添加剂，在使用前需要对其进行质量检测，不使用不符合规定的物料，以保证其不影响施工质量。

健全工艺管理体系。强化施工工艺要求，严把质量关，是做好水利工程混凝土施工工作的重要保障。在对混凝土进行搅拌过程中，注重积累经验，减少混凝土因干裂或水分过多而影响施工。①要对其含水量进行控制，最好搅拌物料配比分析，将混凝土物料进行反复检验，以确保最佳用水量，节约资源，提高施工效率，从而降低企业成本；②根据混凝土施工环境如温度和空气湿度来进行配比，在施工现场进行搅拌，避免因长时间放置而导致早凝。混凝土浇筑过程根据水利工程的具体结构和现场环境进行控制，避免产生裂缝和气孔，提高水利工程使用寿命。

把关现场施工环节。对现场施工进行管理，提高施工质量，确保水利工程顺利运行，对保证人们生命和财产安全，发挥水利工程的功效具有重要意义。水利工程施工过程中，需要对现场环境进行充分了解，分析其混凝土强度和工程主体架构之间的联系，以提高施工质量和效率。混凝土不能现场搅拌的情况下，在其运输过程中需要采用封闭式专用运输车，及时送到施工现场；运输过程中需不停地对其进行搅拌，以避免出现骨料分离的现象，若到达施工地点出现分离现象，则需对其进行再次搅拌，以满足生产需求。在混凝土浇筑前，需要对混凝土的塌落程度和支撑模板进行检测，以保证两者符合施工要求，避免出现崩塌现象。施工前对技术工人进行培训和技术交底，以确保其理解施工要求，如对混凝土的浇筑高度进行培训，避免出现骨料相离现象。同时，安排监理人员注重对施工现场的进行监管，对隐蔽、重点部位进行严格把关，验收过程严格，满足生产需求才能进入下一道工序，对于不合格者，追究施工人员责任，降低出现不合格工程的风险。另外，混凝土施工完成后，对其进行拆模过程中，需要按照工程结构进行有序拆除，确保这一工序不影响混凝土施工工艺。

养护工作要做到位。混凝土施工完成后，其养护工作是确保高标准完工质量的重要环节。混凝土完工后的养护主要通过洒水进行，洒水增强混凝土硬度和紧密性，防止裂缝现象。在冬天低温气候条件下，需要对其进行保温，以免出现裂缝现象，可通过覆盖塑料薄膜进行，在对塑料膜进行选择时，需选取工程专用、质量有保证的材料进行。

水利工程混凝土施工过程中由于材料和施工工艺等原因，容易出现气泡、空洞和裂缝等通病现象。在水利工程施工过程中，需要加强对材料的质量管理，对材料进行严格把关；做好施工现场施工工艺和施工质量的监管工作，避免出现工程质量；同时，做好混凝土施工后的养护工作，防止出现裂缝现象。

第三节　水利渠道混凝土防渗施工

渠道混凝土防渗施工技术是水利节约灌溉中一个非常重要的环节，对渠道实施有效的防渗技术可以节约宝贵的水资源，缓解工农业发展和城市生活等日益突出的用水矛盾，促进节水型现代化农业的飞速发展。本节主要针对水利渠道混凝土施工的防渗问题进行了探讨和研究，总结了一些施工经验，希望能对类似工程有所帮助。

我国是个农业大国，灌溉用水量大，同时我国乃至世界水资源都日趋匮乏，因此，建设节水型社会，节约用水成为我们保障经济社会可持续发展的一项不可忽视的任务。据调查研究表明，土渠道渗漏的水量成为渠道水损失量的主要部分，一般情况可占渠道总引水水量的1/3，在较大的、灌溉设备差和防渗效果不好的地区甚至可达到1/2，这既降低了农田的灌溉效率，又让农民承担了过多的水费，对宝贵水资源一种严重的浪费，如果考虑改用混凝土防渗渠道来进行灌溉水的运输，就可以通过发挥防渗作用，减少水资源浪费和农民的经济损失，下面我们来讲一下混凝土防渗渠道的施工工艺。

一、渠道的地基处理

在施工前要按图纸对渠道进行准确的测量放样，提前几天对基坑进行开挖施工，以便基坑能够自然风干，提高土基的强度，同时在冬季要注意防止因冻胀造成的开挖面的破坏和松动。在铺筑防渗体前要将地基清理干净，然后回填、整平、夯实，回填过程要分层进行，回填一层，夯实一层，渠道在削坡时要严格控制高程和表面平整度，为保证混凝土浇筑前地基发生干燥起尘或被雨水冲刷等情况，应在浇筑前24h内进行削坡，削坡过量时不能直接用浮土进行回填，应该采用同强度等级混凝土进行浇筑回填，保证回填压实度。

二、水泥混凝土材料的选择

水泥的选择。水泥的品种有很多种,有硅酸盐水泥、矿渣水泥、粉煤灰水泥等,在选择水泥时首先要对水泥的品种、强度等级、性能和使用方法进行了解,然后结合工程实际情况选择经济合理又能符合技术要求的水泥。水泥在运输和贮存过程中一定要做好防水防潮措施,已经受潮结块的水泥要重新进行检测,再决定是否予以使用。储存水泥的库房要有通风排水的措施,保持室内干燥,堆放水泥时要设防潮层,要求距地面不小于30cm,堆放高度不能太高,一般要求少于15袋,并留出搬运通道。

集料的选择。碎石和砂是混凝土最基本的骨料组成材料,因此集料质量的好坏直接关系到混凝土质量的好坏。集料的主要技术指标包括:抗压强度、颗粒级配、抗冻性能。化学成分、集料形状和含泥量等。

粗集料的质量要求。粗集料应选择表面洁净,含泥量小的级配良好的材料,最大粒径不能大于钢筋间距的三分之二,对于素混凝土可选用粒径较大的集料,在施工过程中可以选择连续级配,掺配比例由试验确定。

细集料的质量要求。细集料应选择级配良好的中砂,质地坚硬,砂质清洁,最好选用天然砂,不能用海砂,细集料含水率应能够保持稳定,如果需要使用细砂或粗砂时需经试验论证是否可用,对人工饱和面干含水率超过6%的砂,必要时采取可以加速脱水的措施。

水的质量要求。水的质量要符合施工规范的要求,凡是可以饮用的水都可以作为拌和养护用水,工业废水和沼泽水在没有经过处理前不得用于施工,其他地表水、地下水经检测合格后方可使用。

三、混凝土的拌和

混凝土拌合物应该满足施工所需要的和易性,便于施工,保证混凝土能够振捣密实。因此在混凝土拌选择混凝土坍落度时,要根据结构物的施工方法,构件的截面尺寸和钢筋分布等条件进行,当构件尺寸较小或钢筋分布较密时,并采用人工振捣时,要选择坍落度较大的混凝土施工;当构件的截面尺寸较大或钢筋分布较疏,采用机械进行振捣时,坍落度可适当减小。如果有环境温度较高或较低时,坍落度可根据实际情况进行调整。小型渠道的混凝土土浇筑材料,例如砂石等可以折算成体积进行配料,但不能超过允许误差值。

四、混凝土的运输

混凝土的运输是混凝土拌和和混凝土浇筑的中间环节,必须要做到随拌和,随运输,随施工,不能超过混凝土的初凝时间。运输设备要选择密封、不漏浆,最好选用带搅拌设备的运输车,在混凝土浇筑完成后要随时清洗车厢。在运输过程中要做到不离析、不泌水,不能无故在途中停歇超过初凝时间,成为废料,造成混凝土的浪费。

五、混凝土的浇筑

浇筑前的准备。混凝土在浇筑前首先要做好以下准备工作：一是基础面的处理，二是施工缝的处理，三是支模板，配置钢筋，埋设预埋件，四是提交监理工程师验收，取得浇筑许可证。

基础面处理。对土质地基首先要铺碎石，盖上一层湿砂，压实后进行混凝土浇筑；对于砂石地基，首先清理杂物，整平地基表面，再浇筑15cm左右的低强度等级混凝土作为垫层，以防止漏浆。

施工缝处理。施工缝是指浇筑的混凝土块之前临时的结合缝，有横向和纵向的，即新旧混凝土的结合面。在新混凝土进行浇筑前，首先要将旧混凝土表面进行处理，凿毛，清除表面水泥，使石子露出一半，形成有利于新旧混凝土结合的麻面。对纵向施工缝可不进行凿毛处理，但应冲洗干净，使表面无渣无尘，在结合面铺上水泥浆和小级配碎石在进行混凝土的浇筑，保证施工缝能够很好地结合。

支模、配筋、埋件。在支护模板时一定要按照图纸设计标注的尺寸要求进行测量放样，对关键部位要多设测量控制点，以便于检查和校核，保证模板牢固可靠的固定设施，防止模板倾覆、滑动、变形。拼装时要严密、准确、平整、不漏浆，模板刚度和厚度都要达到要求，安装尺寸也要符合规范要求。钢筋配置要严格按照图纸要求，不得少配或者出现钢筋代用现象，对于图纸要求的预埋件一定要按照数量、规格预埋，不得遗漏。

入仓铺料。先对干燥的渠床进行洒水湿润，防止起尘土和在浇筑混凝土时因为水分流失而导致混凝土表面出现干缩裂纹，混凝土衬砌渠道在施工时大多按照伸缩缝分块进行浇筑，渠底、渠坡一般采用跳仓浇筑。

平仓与振捣。卸入仓内的混凝土应该马上进行平仓和振捣，不能以振捣代替平仓，当舱内粗集料较集中时，应将集料均匀分布到水泥砂浆较多处，不得直接将水泥砂浆覆盖在上面，否则会形成混凝土的蜂窝，在平仓过后要对混凝土进行充分的振捣，振捣时间观察粗集料不再显著下沉，混凝土表面有浮浆为止，应避免振捣不足或是振捣过量，据经验一般振捣两遍即可，第一遍至表面泛浆，第二遍速度可稍快，至表面振平。

六、渠道防渗混凝土施工要点

防渗渠道不同于常规渠道，它的设计要考虑很多因素，并要求达到设计的作用，因此在防渗渠道施工时要特别注意以下事项：

①防渗渠道的建设要符合整体规划的要求。防渗渠道施工大都在原有渠道基础上进行改建和扩建。在新建的防渗渠道和原渠道运行条件衔接上要充分考虑，避免出现衔接不上等问题；②防渗渠道施工前，应进行详细的施工组织设计。施工前应对工程进行详细策划，充分考虑拌和站，备料场等施工场地的合理布置以及施工用电、施工用水、施工便道等的便利，以及人员、设备的准备等，还应考虑做好永久排水和临时排水设施的设置；③施工前要对图纸进行审核，发现问题提前反应，施工过程中遇到问题也要积极联系设计协商解

决,不得擅自修改设计图纸;④防渗渠道建设要与田间滴灌工程结合。两个工程都是节水灌溉的措施,因此要相互配合,滴灌工程对灌溉水的水质要求更高,因此在建设防渗渠道时,一定要为田间滴灌做好基础。

现浇混凝土防渗渠道施工技术优点很多:可以减少渠道渗漏造成的损失、节约灌溉用水量、提高渠床稳定性、提高灌溉速度、节约渠道维修费用等,在农田节水灌溉工程中可以大力推广应用,经济效益和社会效益显著。

第四节 水利施工中混凝土施工技术要点

随着经济的发展,社会对水利建设项目的需求越来越大。水利建设项目在一定程度上给人们的生活带来了便利,使人们的生产生活更加方便。水利建设工程的安全稳定越来越受到人们的关注。

由于水利工程的特殊性,其质量控制一直是社会各界关注的一个现实问题。可以说,混凝土施工是水利工程中不可缺少的重要环节,其施工质量将直接影响到工程的整体质量指标。因此,在水利工程实际施工环节中,有必要加强对混凝土施工技术关键点的控制,从而进一步提高其质量指标。

一、混凝土施工实施中存在的问题

混凝土裂缝。在水利工程建设中,混凝土施工是一个非常重要的环节。大量的混凝土将被使用,不同的建筑形式会对混凝土的施工性能要求产生一定的差异。因此,混凝土施工的质量控制就更加困难。在实际操作过程中,裂缝是较为常见的问题之一,也是一个高发病害问题,它将对混凝土结构的整体质量产生严重影响。裂缝产生的原因是多方面的,原材料的性能和质量、施工工艺、外部环境和配合比都会导致裂缝的发生。最常见的因素之一是温差。混凝土内外温差会产生温度应力,导致混凝土结构产生裂缝。混凝土裂缝的类型也有一定的差异,如横向裂缝、纵向裂缝、贯通裂缝等。因此,在处理裂缝的过程中,应根据具体情况采取具体措施。

冲磨、空蚀。水害也会影响水利工程的具体建设。水利工程一般建在远离水源的地方。混凝土长期浸泡在水中会严重损坏。它不仅会对混凝土结构的外观造成破坏,而且会腐蚀其内部的钢结构,影响混凝土结构的整体质量。

侵蚀、碳化。水利工程建设受外部自然条件的影响较大。混凝土结构中钢筋表面的被动式层在被水和二氧化碳侵蚀时,会逐渐被破坏,进而出现锈蚀问题。这不仅会降低钢筋的抗拉性能,而且会逐渐侵蚀混凝土结构,降低其抗压能力,其极限承载力自然难以达到设计标准。水利工程混凝土结构与一般情况相比,碳化速度非常快,但由于承载设计荷载的困难,也容易发生伸缩病害。

二、混凝土原材料配比控制

混凝土施工质量直接影响到工程的整体质量,而建筑材料的质量是影响施工质量的主要因素。因此,在混凝土技术实施过程中,应科学选择原材料、合理设置混凝土配合比,以保证混凝土施工的顺利实施。在正式开工前,对原材料进行严格的技术检验,材料进入施工现场时进行随机检验验收,避免不合格材料进入施工现场,同时对材料进行分类和管理。

水泥质量控制。水泥是常用的混凝土原材料之一。与水混合后呈浆液状,具有粘接其他材料的功能。广泛应用于水利工程中。在混凝土施工中,水泥的水化热问题会导致混凝土内外温差,容易产生裂缝。影响水泥水化热的因素很多,如水灰比、其他材料的含量和质量等。水泥水化热难以控制,因此,在选择水泥时,应尽量选择水化热较小的品种。常用的水泥品种有热硅酸盐水泥和低热量矿基水泥。施工前应检查水泥性能,确保其符合施工要求。

粉煤灰质量控制。在混凝土中掺入适量粉煤灰可以有效提高水泥的性能,对提高混凝土施工质量具有重要意义。粉煤灰是煤燃烧后产生的一种细灰,其外观与水泥相似。根据粉煤灰的颜色,可以了解其含量和细度。粉煤灰具有良好的吸水性能,将其加入混凝土中,可以增强混合料的性能,降低水泥的水化热,有助于控制混凝土的温度。

骨料质量控制。骨料是一种掺入混凝土混合物中的颗粒状松散材料。具有骨架和填充功能。普通骨料包括粗骨料和细骨料。其中粗骨料由碎石和废渣组成,细骨料由细砂和粉煤灰组成。在选择集料时,必须充分考虑集料的含泥量,才能有效地解决边缘裂缝问题。

三、混凝土搅拌与浇筑

浇筑前对混凝土配合比。混凝土标号配合比的合理性是混凝土质量控制的重要参数,也是施工企业控制混凝土成本和工程质量的重要依据。在混凝土施工前,有必要对混凝土的配合比进行检测。根据当地混凝土原材料,通过试验,调整了适合本工程的混凝土标号最佳配合比,为企业原材料采购计划和混凝土浇筑准备提供了可靠依据。

混凝土浇筑前准备。地基表面处理,对于页岩地基,应清除杂物,平整地基表面,并浇筑10-20cm低标号混凝土作为垫层,防止渗漏。地基先铺碎石,再铺湿砂,压实后浇筑混凝土。岩石地基爆破后,应人工清除地表软岩、边沿及边坡,并用高压水枪冲洗,并对油污及杂物进行刷净。只有在岩石表面无水的情况下,通过压力风的作用,经质量检验合格,才能打开仓并浇注。

根据原始的测试混合搅拌混凝土比例,严格控制各种原料用量的准确性,混凝土均匀混合,控制混凝土的水灰比。水利工程一般没有混合设备或特殊混合站,主要使用鼓混合器混合机混合,需要良好的混合时间,一般3~5分钟。控制混凝土运输时间,避免运输过程中出现混凝土离析、泌水、浆体等现象。

采用适当的仓储方法,限制卸货高度,防止离析。为避免冷缝,施工应按规定的浇注路线进行。采用斜层法时，高度不应超过 1.5m；采用梯形法时，混凝土厚度为 50cm，振动点布置有规律，振动点间距为影响半径的 1~1.5 倍，振子应插入下层混凝土约 5cm 处，便于上下两层结合。在振动捣固过程中，捣固机不得接触钢筋，但应与模板保持影响半径的 1/2 的距离，严禁泄漏和过度振动。

四、混凝土养护要点

在冬季，由于气候干冷，干燥的气候容易使混凝土中的水分蒸发，导致水泥干燥开裂现象。水泥会形成大小不一的颗粒，缺乏黏结之前，并造成混凝土施工墙体开裂。因此，冬季混凝土的养护是非常重要的。因此，混凝土施工在冬季进行施工过程中，混凝土搅拌时应加防冻剂。混凝土施工后，要时刻注意天气的变化，保持混凝土施工现场的温湿度，使混凝土能保持正常的温度和一定的湿度，从而保证混凝土的黏结力。

混凝土养护是一项耗时最长、对混凝土影响最大的子项目。一般来说，混凝土养护的开始时间应根据当地气候条件和混凝土工程中使用的水泥种类来确定。一般环境下，普通水泥品种养护应在混凝土终凝后立即进行，干硬混凝土养护应在浇筑完成后立即进行，养护时间为 21~28 天。养护混凝土的目的是使水泥完全水化，加速混凝土硬化，防止混凝土因气候等因素而出现片状或粉状脱落。特别是在冬季水利工程施工中，由于混凝土温度较低，水分蒸发较快，水泥不能完全水化，会导致混凝土产生干缩裂缝。不仅混凝土的渗透性会大大降低，而且混凝土会因强度的降低而变形脱落，不能发挥混凝土工程的作用，还容易发生质量安全事故，最终会给水利工程的正常运行带来严重的负面影响。

混凝土养护一般采用洒水自然养护。针对大型混凝土水工建筑物中水的蒸发现象，可以在其表面覆盖秸秆幕，然后进行洒水幕。此外，还有喷涂膜保养、塑料膜包膜保养、蒸汽养护等方法。

混凝土施工作为水利建设过程中的一个重要环节，必须加强其质量控制。要从混凝土材料的选择、施工技术的应用、裂缝处理、后期养护等方面入手，进一步提高混凝土结构的性能，以保证水利工程的施工质量，延长水利工程的使用寿命。

第五节　水利工程混凝土施工的质量控制

水利工程建设过程长久且内容复杂，那么水利工程自然是离不开混凝土工程，而且混凝土工程还起到了至关重要的作用，所以在施工过程中，应该做好严格的混凝土工程质量把关工作，这是很有必要的。水利工程建设中所用到主要材料就是混凝土，混凝土的成分与质量问题对工程也有很大的影响。所以本节就对水利工程建设中的混凝土的质量问题进行讲述，并对研究与调查了混凝土的质量与施工质量的影响关系。

混凝土在水利工程建设中会有很大的用量，一定程度上，混凝土的材料的质量好与坏会直接影响整个水利工程建设是否达标。工程中出现穿透性的裂缝和表面裂缝的现象是混凝土存在质量问题最常见的表现，混凝土的质量问题简单的会影响工程表面的美观性，严重的更会影响工程内部结构的安全性，对其抗压能力和稳定能力都有很大的考验。因此，一定要严格遵守混凝土的配方比例，严把质量关，从混凝土材料的采购、加工、到配制等各个方面做好明确的记录工作，减少因混凝土质量原因完成的对水利工程的负面影响，确保水利工程建设的顺利进行。

一、质量控制概述

在水利工程建设中，为了能够及时发现工程建设施工过程中存在的不良问题，进行质量控制是很有必要的一种方式，它的目的是对整个施工过程做到及时确切的监督与掌控，掌握工程的进展情况，并能及时发现安全隐患，为工程的方案的整改提供时间，减少工程中的安全漏洞，避免造成不可挽回的损失。

工程施工过程中的质量控制主要表现为以下几个方面：及施工前指导、施工中检查和施工后验收等三个方面的工作。并且在这期间要做好全面的文本记录工作，以便在之后的调查中有根据所寻。对于工程结构中占有重要职位的更要加强监控力度。各个部门的工作负责人都要保持认真负责的态度，严格监督工程进展，时时掌握工程的具体情况，做到有问题及时发现、及时处理，确保工程的质量保障。

二、水利工程混凝土施工质量控制的必要性

国家之所以主张修建水利工程，是因为它可以起到调控水资源的作用，还能够减少水流灾害，是利民工程。有些河流在降水旺季容易形成洪涝灾害，危害其流域的正常生活，建设水利工程可以有效地避免这类问题，可以将水资源进行合理的调控，减少洪涝和干旱等自然灾害对人们的影响。所以水利工程对社会和人民有很重要的作用，其质量问题则显得尤为重要。混凝土在整个工程中起重要作用，因此保证工程的建设还要从抓好混凝土质量做起。

施工周期偏长、容易受到天气条件人为因素影响的特征是水利工程混凝土建设当中的主要特征，用混凝土施工建设水利工程是一项非常烦琐的事情，施工难度的增加保障了水利工程的建设质量。水利工程施工质量控制包含施工过程当中的标准质量控制与施工结束以后的标准质量控制体系，这是一个相互关联的质量控制体系，每一个质量过程都要严格执行，避免每一个环节出现难以控制的事情，造成严重的经济损失和严重后果。所以说，保障水利工程建设质量控制工作的有序进行，需要做到对影响质量工程安全的全面认识，只有这样才能够促进工程质量得以保障。

三、水利工程中混凝土的质量控制

（一）混凝土组成原材料的质量控制

1. 水泥。如何选择有针对性地选择合适的水泥，来增加混凝土强度符合水利工程的技术要求，来达到工程质量和建设成本的要求：①要有相关的采购水泥流程，以及水泥质量

文件，采购质量过硬的水泥还要由专业人员进行达标检测，禁止不达标的水泥进入建设工程区域，防止不合格水泥带来的工程质量危害；②水泥的存放要有合格的储存，水泥的存放区域湿度不能过高，避免与水发生反应，如果水泥要室外储存，要防止雨水的侵袭，采取一定的遮雨防潮办法，必须达到水泥存放地区的空气干燥；③要使用有效期以内的水泥。

2. 砂石。沙石的储存要有合理的安排，要根据砂石的粗细进行分堆存放，严格按照质量控制要求执行，避免沙石的存放地点与石灰靠近。根据质量控制要求定期进行砂石质量检测工作，尤其是砂石的含水率，因为砂石的含水率与水泥的比例有着非常重要的关系，所以要根据砂石的含水率进行有必要的配比。

3. 添加剂、水。添加剂与水的质量检测要严格把关。混凝土搅拌的质量是建立在纯洁、清澈无污染的水质要求之上的。添加剂的选择也要根据质量安全要求，达到对环境的污染标准，最重要的是达到安全要求，才可以用于工程建设。

（二）合理科学配置混凝土，确保满足质量标准

混凝土施工要达到很高的技术要求，比如混凝土强度，只有正确的配比是达到施工技术要求和性能的重要保障，所以要根据混凝土配比试验得出的数据来应用到混凝土施工配比当中。目前混凝土的易和性受到工程施工当中很多不利因素的影响，导致混凝土发生一些与混凝土试验不相符的变化，所以要想达到工程施工标准，就要对混凝土中水和灰不改变的情况下进行改变。

（三）保证混凝土的良好浇筑振捣

工程建设当中混凝土和易性是混凝土拌合物聚集性、滚动性的集中表现。假如混凝土易和性表现不好，会出现混凝土硬度不达标的质量问题，导致工程质量不合格。反过来讲，混凝土的易和性较高，混凝土硬度有良好，还能保障混凝土灌注质量达到工程质量要求。所以相关人员要定期地对混凝土易和性进行检测。

（四）混凝土质量问题的有效预防

混凝土一旦出现质量问题是非常可怕的，会引起工程质量的安全，所以混凝土工程质量检测人员要对混凝土的质量做好防控措施，避免因为混凝土质量不达标引起一系列的工程质量问题。

四、水利工程混凝土施工质量影响因素的控制措施

要针对不利于工程质量的原因进行，有效的控制。依靠各种实验建立解决办法，把影响到施工质量的因素进行铲除。材料的使用要按照建筑工程行业的标准进行采购，每一种原材料都有，完善的出场材料以及合格证明，那些不符合要求的建筑材料绝对不可以用在施工建设当中，监理工程师检查合格以后，一些大型机械设备还可以进入施工现场，进行标准作业。

施工人员的优劣是形成工程质量的主要因素。对水利工程质量具有第一印象作用的是施工人员的素质，全部的工程施工人员包括工程技术人员、设备操作人员、后勤保障人员、监理人员，在他们共同的努力下才能够保障水利工程的质量。专业性的施工培训可以提升

工程师问人员对质量的认识。把施工工程全面质量放在首位，形成一股质量第一，预防为主与施工技术为辅，来提高施工单位的社会价值、企业价值重要方法。每一名工程管理人员和技术人员，都要掌握组织施工、技术支持、施工质量安全检测等能力。

材料。目前国内建材市场混乱复杂，最重要的是工程建设当中的材料选择、工程质量的控制受到原材料质量的直接关系，在水利工程建设当中，建设材料、机械配件、原材料采购等环节对工程质量的影响也是非常大的，保证这些材料的质量安全是完成水利工程建设的重要前提之一，也就是说要有严谨的质量安全标准。

施工机械设备的因素。影响工程质量以及施工速度的因素还包括，工程施工机械设备先进化水平、工程机械设备工作效率、工程机械设备配比是否合理，这些都是重要的影响因素。

新材料、新工艺、新技术应用的因素。目前科学技术持续升级，超高的施工方法和技术落实到工程建设当中，不同的施工人员有着不同的适应能力，产生不同的工程建设质量。

施工方案和社会环境的因素。每一项建设工程的施工都是建立在拥有一个良好的施工方案基础之上的，建设方案是否合理影响到工程质量以及施工周期的合理进行，建设施工方案的建立要将工地附近的各种影响因素都考虑到里面，水利工程因为其特殊性更要针对其与生态环境的关系做到充分考量。

五、建设单位对工程质量控制的现状及对策

现在中国水利工程建设有着以下重要问题：建设方没有按照标准的质量要求来执行，存在监理人员名单年龄过大、质量不高、工程监理费用投资过少、方法不够先进。

建立质量保证体系。施工方要有合理科学的方法来监督管理建设质量。具体措施是建设单位要按要求执行施工监督检查任务，完善改进质量管理措施，通过委派监理人员履行工程建设检查责任。实时监督监理人员认真执行检查监管责任和权利的行使，完善混凝土质量搅拌质量要求，提高对重要位置和特殊工程的质量把关，保障混凝土灌注质量。还要责成建设单位对合同的履行义务，认真执行质量控制措施。

加强工程建设过程的动态控制。在工程建设过程当中要以动态控制为主要手段，对工程建设过程当中进行全方位、立体化的监控。从工程建设的最初招标开始，一直到工程建设的整个过程结束，工程监理人员都要认真地履行好监督检查，整个工程建设当中的每一个环节。通过对重要资料以及信息的收集，录入工程建设档案，形成材料。

抓好工程的质量验收。施工现场生产工人自己检查、相互检查以及与专职检查工作人员的互相检查的方法，是在工程建设竣工最后阶段执行的三种用检查制度。工程竣工验收是指对工程主体质量以及相关材料的提交，进行对工程质量进行审查，评估相关材料，检测工程质量是否达到建设要求。待施工建设完成以后，就要根据相关的质量审查要求，对工程质量进行验收标准、相关程序和措施的检查，组织相关检查人员按照合同履行验收评定工程建设质量。

根据上面所讲，对水利建设工程混凝土质量控制主要体现在以下地方：①水利工程建

设当中混凝土比例是否合适以及混凝土质量是否达标,以及对原材料的采购等方面是对混凝土的质量控制的重要内容;②水利工程建设过程中,要有合理科学的质量控制体系,以及标准规范的建设施工程序。不同的工程质量要求,有着不同的混凝土质量控制要求,要有针对性的控制措施,来提升工程质量控制要求更高水平,来促进科学、合理、高效的工程建设质量和施工安全。

第八章 混凝土施工的创新研究

第一节 水利工程混凝土施工安全技术

在我国历来的发展阶段中,水利工程就一直起着至关重要的作用,可以说事关国计民生和人民百姓的幸福安全问题,因而必须严肃对待。而混凝土在水利工程中发挥着不可小觑的作用,也越来越受到人们的重视。基于此,本节主要结合混凝土施工技术现状,分析了水利工程中混凝土施工出现的问题,并对解决措施进行了深入论述。

现阶段,人们处在一个经济快速发展、大兴各类建设项目的时代,我们不能仅仅拘泥于以往的建筑水平,而是要在这样的信息化时代不断地推陈出新,建设出具有现代化水平的建筑。混凝土在水利工程建设中发挥着至关重要的作用,我们必须认真对待。鉴于此,就更需要我们掌握好在建设过程中可能出现的问题,尽快地采取解决对策。

我国水利工程建设现状。随着不断地改革与完善我国水利工程建设有了很大程度的改进,相应地,混凝土施工技术也得到了飞速发展,我们的施工技术也在不断地朝着体系化的方向迈进,也能够熟练地将实际生活中出现的比较好优势加以运用并在此基础上进行创新,我们的技术在不断地发展完善过程中有着自己的一套解决可能出现的问题的方法。比如,我们比较熟练的环节有原材料的选用、从刚开始的采购环节到真正的使用环节、针对具体的试验场地的选取,以及关于试验场地的相关数据的测量等环节,都掌握的非常熟练,并且有比较完善且系统的理论来支持我们的技术。但是,正如机遇与风险并存一样,我们在进行施工的过程中也可能会出现一些我们难以预测的情况,也有比较大的限制性情况,在真正的施工过程中要将各种情况考虑在内,并且找到切实可行的处理措施。

一、混凝土施工技术中应注意的几个过程

预测产品市场需求。预测一项工程是否可以实施,就必须明确地了解到该项产品的市场需求,明确该项产品是否将出现的市场需求情况,根据市场需求所建设的工程才具有更大的把握来更好的将其发挥最大的效用。通过一些最基本的调查,如调查问卷、座谈会、电话访问的直接或间接的方式先了解用户需求,从需求出发来了解这项工程实施的可能,并依此来明确客户想要达到的对混凝土技术的要求。并且可以通过访问了解到前面的工程、项目在建设过程中出现的情况以及问题,从而更好地解决接下来建设的工程有可能出现的问题,然从效益、成本方面衡量该项工程实施所带来的效益有多大。

根据经验修改施工方案。古人云：宜未雨绸缪，勿临渴而掘井。这句话彰显了计划的重要性。所以，设计人员在进行施工之前，会根据施工场地的具体情况提出一个比较大概的框架，并有一个初步设计的设计方案。其中：水利工程中混凝土施工技术的整体描述、整体与部分的关系、计划实施所必需的技术及设备等方面。通过对设计方案的形象化、具体化描述能够在最短的时间内以最少的文字让读者以最短的时间获得最有用的信息。然后通过与以往数据的比较分析来了解我们项目存在的问题与不足，基于此提出更加完善合理的设计方案。

做好可实施性分析。关于我国现阶段混凝土技术的改进措施必须引起我们众多人的充分重视，因为这是我国现阶段存在的一个尤为严重的问题，很多方案都是因为设计得太理想化，而技术根本不能够达到理想的要求，这时我们的工程实施起来就相当的麻烦，因此在施工之前必须对混凝土技术进行可实施性分析。其中从混凝土施工技术系统改进的必要性、技术实施是否有困难等方面进行分析。我们的方案不仅仅要满足国家相关部门规定的基础标准，而且要满足建筑工程时为了满足用户需求的技术，特别是如果我们的水平足够先进，更应该冲着更好的标准——国家先进水平进行努力。在追求先进的同时必须时刻把设备后续维修等方面考虑在内，要让设备容易维修，不能出现设备出现问题就很难维修的问题。只有该步骤正确、全面地进行我们才能更好地进行下一步的工作。通过这种方式，我们可以在项目实施之前就避免施工过程中很多问题的出现。

二、问题出现的原因

混凝土中产生气泡的原因。在施工过程中出现的"气泡现象"主要是指对混凝土拆除模型以后出现的表面上有小坑的现象。产生的原因主要有：一是施工时所用材料的原因：选取的沙子太细、铺的料太厚等；二是混凝土建模的时间不够，还没有进行好好的凝固就急于将其拆模；三是在进行振荡搅拌时间隔的时间过长，导致其产生的。

混凝土孔洞成因。混凝土孔洞主要是指混凝土的内部产生一部分空缺的现象。空洞存在会减少断层面积，这样就会造成水库蓄水时间长后造成渗漏点。其中产生的原因有：一是：在钢筋密集的地方或者预先准备埋藏设备的地方，灌注不畅通，没有完全充满模板的缝隙处；二是：没有按顺序振荡捣碎混凝土，产生了因为振荡的漏洞；三是：混凝土中组织施工不是很好，存在一些问题，没有按照施工的合理顺序和施工的技术要求进行合理操作；四是：没有按照规定的比例对对原料进行配比、下料不均匀等。

混凝土裂缝产生的原因。裂缝是混凝土在正常凝聚过程中最常见的问题之一，其中混凝土裂缝的形式主要有表面的、横向的、横向的、纵向的、深层的等等。其中裂缝产生的原因主要有：首先，表面裂缝主要是因为混凝土浇筑以后，没有对其进行及时的覆盖，外表经历过风吹日晒后就因为受到物理、化学作用使得表面的水分蒸发过快，这种情况下混凝土就会急剧的收缩，而内部却不会急剧收缩，进而就比较容易形成裂缝；其次，表面温度裂缝主要是由于在混凝土的凝聚过程中其温度降低的幅度不同，特别是对大体积混凝土来说，对其浇筑完后内部温度不断上升，而外部温度却很低，内部和表面的温差过大就会造成温度裂缝的形成。

三、解决对策

针对产生气泡的对策。气泡的产生在很多情况下都是可以人为控制的，我们要在事前就做好预防气泡的准备工作。这些措施主要包括：首先，选用合适的沙子作为原材料，确保施工过程中混凝土的各项配对指数都是符合要求的，并且要经过多次试验队，选取试验效果最好的一组。与此同时要控制好最后加进来的物料的比例；其次，如果已经出现了气泡就要对气泡做出相关处理：先是将混凝土用适当的清水浸湿，然后采用强度比较高的水泥沙泵来对已经浸湿的气泡位置进行填补，最后在采用相关技术将填补部分进行压滑。

针对空洞的预防措施。针对空洞我们可以有以下预防措施来进行预防：首先，在钢筋密集的地方或者预先埋藏有设备的地方，采用比较细的混凝土进行灌注，是混凝土能够充满模板的间隙，并认真的振捣密室。当出现困难的时候，最好采用人工进行鼓捣；其次，采用正确的振捣方式，密切的防止漏振；然后，要控制好下料的配比，保证混凝土在灌注时不产生离析，混凝土的自由下落的高度不能设置得过高；最后，要加强对施工过程中的组织的管理，并且及时进行监督与管理。

针对裂缝的措施。混凝土浇筑时，要严格控制混凝土的水灰和水泥的用量，选择一些比较好的原材料，比如沙子等，尽可能减小空隙的比率；与此同时要对其进行密切的捣鼓确保密实，减少沙子之间的缝隙，提高混凝土的抗裂度。在对混凝土进行浇筑前，要将混凝土的模板进行润湿，并且对表面进行一定的防护措施，及时使用相应的覆盖物对混凝土进行覆盖，保护好混凝土，在高温天气要尽可能多次对混凝土进行润湿工作，确保其在一直湿润；对于温度型裂缝，夏季应当尽可能延长混凝土的养护时间，让其缓慢的降温以避免由于温度降低过快而造成裂缝。

第二节 水利工程混凝土施工防渗处理技术

水利工程施工质量对整个经济社会发展影响巨大，在施工中经常会出现各种施工质量问题，其中混凝土出现渗漏现象影响就非常严重。混凝土是一种透水性建筑材料，在施工过程中难免会出现渗漏现象，因此，在水利工程施工过程中，要选择科学合理的处理措施，加强监督工作，避免混凝土在水利施工中出现渗漏现象。本节对水利工程混凝土施工出现渗水的原因进行了分析，并且对防渗处理技术要点进行了阐述，希望能够更好地促进水利工程建设。

一、水利工程中混凝土渗漏的危害

水利工程建设中，混凝土出现渗漏现象的主要原因是其内部或者表面出现裂缝所致，混凝土的裂缝还会受到外界压力变化的影响，在压力逐渐增大的情况下，裂缝会越来越大。

混凝土出现裂缝的部位如果长时间被水浸泡，将会导致混凝土出现水解破坏现象，对结构会产生一定的破坏，影响混凝土结构的荷载能力。混凝土处于比较潮湿的环境下，二氧化碳会和其中的水泥产生化学反应，对混凝土自身的碱度进行降低，对钢筋表面的纯化膜进行破坏，在这种情况下会导致混凝土内部的钢筋受到锈蚀。混凝土出现渗漏现象对整个水利工程的稳定性以及强度都会带来很大的影响，而且，在情况比较严重时，对工程结构的外观也将产生一定的影响，给水利工程的使用带来很大的安全隐患。

二、水利工程混凝土渗水原因

在水利工程中通常包括泄水、挡水以及专门的水工建筑物，这些建筑物在建设以及使用过程中会受到很多原因的影响导致出现渗漏问题，出现渗漏问题的原因非常多，主要有以下几种：

施工遗留的缝隙。水利工程建设和其他建筑施工存在着很大的不同，其施工规模一般比较大，在施工时间方面也比较长，通常是由很多的小工程组成，在很多的小工程施工结束以后，要利用合拢抹墙将小工程之间的缝隙合拢，但是因为缝隙之间的模板不牢固，非常容易在施工中出现缝隙，导致水利工程在使用过程中出现渗漏问题。

建筑变形引起的渗水。水利工程出现建筑变形的现象也会导致渗水问题，主要是由两方面原因导致，分别是人为原因和自然原因。人为原因的出现主要是施工过程中缺乏有效的监督机制，在施工中经常会出现使用劣质材料或者是偷工减料的情况，这样就导致了水利工程在投入使用以后出现了变形情况，引起渗漏现象出现；自然原因主要是水利工程在使用过程中会受到流水或者是地质灾害的影响，导致水利工程止水带发生移位，最终导致水利建筑出现变形导致渗漏。

水利工程的大面积渗水。水利工程建设施工中很多都没有非常严格的监督机制和验收机制，这样就导致很多的水利工程建筑质量出现了不达标的现象，使水利工程的泄水排洪能力比较差，对日常的泄洪和排洪工程带来了很大的影响，容易引发洪涝灾害。水利工程中应用不达标的混凝土会导致黏合部位存在很大的缝隙，导致大量渗水现象出现，对人民的生命及财产安全受到了威胁。

三、水利工程混凝土施工防渗处理技术要点

（一）防渗墙施工技术

多头深层搅拌水泥土成墙工艺。多头深层搅拌桩机可以一次实现多头钻进，然后将水泥浆喷入到土体中，使水泥浆和土体在一起搅拌，使之成为水泥土桩。将水泥浆和土体形成的水泥土桩进行搭接能够形成水泥土防渗墙，在水利工程施工中有很好的施工效果。多头深层搅拌水泥桩施工技术的主要特点就是施工简单、造价非常低，在施工过程中不会出现泥浆污染，在砂土、黏土、淤泥土质中能够较好的应用。经过对很多施工项目进行经验总结，多头深层搅拌水泥防渗墙防渗效果非常明显，在水利工程中进行应用具有很好的发展前景，而且具有很好的经济性，也是十分可靠的施工技术。

射水法成墙工艺。射水法成墙工艺在施工中要对造孔机、混凝土搅拌机以及浇筑机进行利用，利用造孔机成型器内的喷嘴射出高速水流来切割土层，然后利用泥浆护壁，在槽孔形成以后浇筑混凝土，这样能够形成薄壁防渗墙。

（二）灌浆处理技术分析

土坝坝体劈裂灌浆。土坝坝体劈裂式灌浆要对坝体应力分布规律进行运用，利用一定的灌浆压力，将坝体沿坝轴线方向进行劈裂，然后进行灌浆，这样能够对漏洞、裂缝以及软层进行堵塞，这样能够提高坝体的防渗能力，并且，能够使坝体内部应力分布平衡，对坝体的稳定性也能进行提高。裂缝的局部灌浆要针对可能存在的裂缝区域，进行全线的劈裂灌浆，提高坝体的整体质量。

高压喷射灌浆。高压喷射灌浆防渗技术是对高压水泥浆液射流冲击破坏被灌地层结构，这样能够使水泥浆液和地层中的土颗粒掺混，形成壁状固结体，在防渗作用方面非常好。因为被灌地层结构和防渗要求都存在着不同，在喷射方法方面要根据具体情况而定。高压喷射灌浆防渗技术的应用优点是使用的设备非常简单、工效也非常高，施工中应用的材料也非常广泛，在造价方面也非常低，而且具有很好的防渗效果。但是，其也有一些缺点，在施工中设备比较简单，但使用的设备种类非常多，这种方法在施工中对地质条件的要求也非常高，导致控制不好的情况下非常容易出现漏喷的问题。

（三）利用化学补强技术进行水利工程渗漏的处理

在水利工程结构中应用化学补强技术能够不对工程结构进行改变就对原有的混凝土结构强度进行加强，对结构中出现的破损和裂缝问题也能进行修补。在渗漏现象出现时利用化学物质环氧材料进行局部的修补，能够提高建筑物的整体性，同时，对混凝土的抗渗性、耐久性以及强度都能进行改善。环氧材料是一种黏结强度非常好，具有很强弹性性能的材料，可以将新老混凝土进行很好地结合，是混凝土防渗堵漏的一种比较理想的材料。化学补强技术对水利工程建筑物出现的渗漏处理的具体步骤如下：首先要先对混凝土表面的污渍进行清除，在裂缝附近进行沟槽处理，然后利用水玻璃和水泥混合物处理漏水处，这样能够不再漏水，然后使用环氧砂浆对此进行修补，能够起到更好的效果。

在水利工程建设中，混凝土是比较常见的施工材料，其自身具有很大的收缩性，这样在施工中经常会出现裂缝，对工程的质量带来了很大的影响，最终导致水利工程出现渗漏现象。近年来，防渗墙技术在不断地提高，在很多的水利施工中这种方法应用的越来越少，但是，其还是灌浆勘探的重要手段，在防渗处理方面效果非常好，能够对发生集中渗漏的地点进行准确的灌浆，这样能够及时将出现的问题解决。水利工程出现渗漏问题不仅仅会影响工程的使用效果，对周边人们的生命以及财产安全也将带来一定的威胁。水利工程出现渗漏的主要原因是混凝土出现裂缝，小的裂缝会导致工程的功能无法发挥，严重时会导致整个工程出现坍塌，对经济社会的发展带来很大的危害。在水利工程施工中，采取科学合理的措施对出现的渗漏问题进行解决，能够更好地保障水利工程的施工质量，同时，延长工程的寿命。

第三节　水利工程混凝土施工与浇筑养护

　　社会的进步，推动了我国各个行业的发展，水利建设行业近年来也取得了一定的进步。水利工程建设对社会的发展起着促进的作用，同时也与人们的生活息息相关。混凝土在水利工程中比较常见，是一种重要的施工材料。合理的使用混凝土材料进行施工，能够有效地提高建筑工程的整体质量。了解混凝土施工的重要意义，并且做好对混凝土施工各个环节的控制，做好施工后期的浇筑养护工作，能够起到提高水利工程施工质量的作用。

　　混凝土不但有着性能高的优势，而且其价格也比较低，因而成为当前应用最为广泛的施工材料。水利施工中使用混凝土，符合水利工程施工的需求，推动水利工程的建设。想要将混凝土的自身价值发挥出来，需要严格的按照规定流程进行施工，严格对施工各个环节进行控制，才能避免裂缝的产生。裂缝问题对工程质量有着严重的影响，处理不当会留下安全隐患，因此施工单位要做的是尽量避免裂缝的出现，确保混凝土施工质量合格。

一、水利工程混凝土施工的意义

　　混凝土有着提高水利建设质量的作用。由于水利施工的特殊性，因而对施工材料有着较高的要求，混凝土强度高、耐久性强的优势刚好能够满足水利施工的需要。混凝土施工对施工技术以及施工工艺有着严格的要求，由于混凝土施工容易受到外界环境以及施工工艺的影响，出现裂缝，不但无法发挥出其自身的价值，还会出现反作用，导致建设企业经济利益受损，水利工程质量得不到保障。

二、水利工程混凝土施工

　　水利工程混凝土拌和。混凝土原材料的选择是最基础的一项任务，注意材料选择要根据施工的实际需要，尽可能的选择性价比高的材料，并且确保材料出自正规厂家。选购好材料之后，需要取样，拿到实验室进行配比，试验过程中的各项数据要准确记录，以免试验数据出现差错。试验工作完成后，需要检测混凝土的性能，性能达标后，需要对混凝土进行拌和。混凝土施工过程中，需要考虑施工的实际情况，检测其骨料的含水量，可以对其进行适当的调整，确保达到最佳的施工效果。除此之外，实际投料的数量也需要根据搅拌机的额定容量进行确定，严禁投料过多，否则就会出现堵塞的现象。除此之外，还需要对拌料的坍落度进行监测，确保坍落度合格，以防产生离析的现象，为混凝土的施工打好基础。

　　水利工程混凝土运输。混凝土运输也是会影响混凝土质量的重要环节。通常来说，不同工程施工选择的混凝土运输方式会存在着一定的差异。一般来说，不同的水利工程所选择的运输方式以及运输设备也是不同的。要明确不同运输方式需要选择的运输设备，当选择垂直运输方式时，一般选用提升架、起重机等设备。而如果采用的是现场搅拌的混凝土，一般运用手推车、小型翻斗车运输。运输过程中，需要注意的是，要使混凝土保持匀质性，以防产生离析的现象，还需要防止混凝土的流动性降低，以便于更好的投入到施工中。除此之外，可以通过减少混凝土运输的周转次数的方式，来缩短混凝土的运输时间，提高施工的效率，推动施工顺利进行。

水利工程混凝土振捣。振捣是混凝土施工中不可缺少的一个关键环节，合理的振捣对提高混凝土质量有着很大的帮助。混凝土在浇筑之后，需要立即对其进行振捣，以便于混凝土均匀地分布在模板中，这项操作的作用是为了提高混凝土密实度，确保施工质量合格。通常混凝土的振捣方法可以分为两种：机械振捣和人工振捣。一般而言，多数工程都是采用机械振捣，因为如果工程量过大，人工振捣的效率会比较低，往往是工程量小的施工或是使用塑性混凝土时，会采取人工振捣的方法。振捣时要严格按照相关标准进行，要注意插点的选择，防止出现漏振的现象。振捣棒需要插入到混凝土下层，这样可以起到避免混凝土内部存在缝隙，掌握好每一个插点的振捣时间，才能够发挥出振捣的作用。当混凝土表面无下沉、无气泡、无泛浆，出现水平面的时候，可以停止振捣。

三、水利工程混凝土浇筑养护

浇筑与养护是混凝土施工的后期工作，也是关系着混凝土最终的质量能否满足施工要求的重要环节，因此这两项工作的施工要点也应当明确，以下是对操作流程进行的简要介绍：

混凝土浇筑流程。浇筑工作进行之前，要对施工将要使用的钢筋和模板进行检查，为浇筑工作的进行打下良好的基础，另外，浇筑方式的选择也是极其重要的，具体浇筑的方式还需要结合施工的实际需要来确定。要注意混凝土的下落高度不能高于3m，若需要分层分块浇筑，则需要掌握好浇筑的厚度，正常来说每层的厚度应不大于200mm。对混凝土进行连续浇筑可以提高混凝土的施工质量，如果是进行间隔施工，那么也需要尽量使间隔的时间缩短。在进行水利工程混凝土浇筑工作时，如果钢筋、模板等存在变动，那么应当立即进行调整处理。如果浇筑的区域较大，则可以选择单独浇筑的方式。对于某些特殊的无法进行连续浇筑的部位，可以预先留下施工缝，这样能够为后续的浇筑提供便利。

水利工程混凝土养护。养护的主要作用是防止混凝土后期出现裂缝，增强其耐久性和稳定性，这对于整个水利工程项目都有着重要的意义，只有将混凝土的耐久性和稳定性提高上去，建筑结构质量才能够得到保障，水利建设的使用寿命也会延长。通常来说，常见的混凝土养护措施有保温、洒水保湿、涂刷养护剂等，具体方法的选择还是要根据施工的实际情况来确定。一般养护的时间都应当不少于14d，养护工作至关重要，要按照规定的施工工序进行，以提高水利工程质量。

混凝土是当前建筑行业中最受欢迎的一种施工材料，合理的对混凝土进行运用，既能够提高水利建设工程的整体质量，还能够为建设企业创造更大的经济效益。要对混凝土施工全过程进行质量控制，严格对施工各个环节进行控制，并按照施工规范进行施工，做好混凝土施工的管理工作。正常情况下，在实际的施工中，难免会出现一些其他的问题，这就需要施工技术人员在施工中不断总结经验，应当妥善的将混凝土中存在的问题进行处理，推动整个水利工程施工的顺利进行。

第四节　水利工程混凝土施工及其裂缝控制

当前水利工程施工应用最广泛的施工材料是混凝土，其施工质量优劣直接关系着水利工程整体质量，并且水利工程混凝土施工对混凝土的强度、工作条件以及其应用效果，都有更加严格的要求。因此在水利工程建设过程中，必须科学合理地进行混凝土施工，从而保障水利工程质量。基于此，本节简述了水利工程混凝土施工的主要特征，对水利工程混凝土施工要点及其裂缝控制进行了探讨分析。

一、水利工程混凝土施工的主要特征分析

水利工程混凝土施工的特征主要表现为：受季节的影响较大。水利混凝土工程施工时，需要考虑施工所在地的气温、降雨、抗洪度汛以及灌溉和用水等多个方面的影响，所以整个混凝土工程施工过程往往受季节的影响较大、工程量大、工期较长。有些水利工程项目混凝土使用量一般在几十万甚至几百万立方米之间，并且混凝土施工贯穿于水利工程项目的始终，施工技术相对复杂。由于水利工程中的特殊用途和施工环境的影响，工程自身往往较为复杂，需要使用的混凝土种类比较多样，使得混凝土施工技术相对比较复杂。

二、水利工程混凝土施工要点分析

模板施工要点分析。水利工程混凝土施工要求在处理好的基层或做好的调平层上，清扫杂物及浮土，然后才能立模板。立好的模板要与基层紧贴，并且牢固，经得起振动而不走样；如果模板底部与基层间有空隙，应把模板垫衬起，把间隙堵塞，以免振捣混凝土时漏浆。立好模板后，应再检查一次模板高度和板间宽度是否正确。为便于拆模，立好的模板在浇捣混凝土之前，其内侧涂隔离剂或铺上一层塑料薄膜，铺薄膜可防止漏水、漏浆，使混凝土板侧更加平整美观、无蜂窝，保证水泥混凝土板边和板角的强度、密实度。

拌制施工要点分析。水利工程混凝土施工在入场前应检查各种入场材料，不合格的不入场；严格按施工配合比通知单拌制混凝土，减水剂必须称量后装塑料袋。现场拌制混凝土，一般是计量好的原材料先汇集在上料斗中，从上料斗进入搅拌筒。水及液态外加剂计量后，在往搅拌筒中进料的同时，直接进入搅拌筒。混凝土施工配料是保证混凝土质量的重要环节之一，必须加以严格控制。施工配料时影响混凝土质量的因素主要有两方面：一是称量不准；二是未按砂、石骨料实际含水率的变化进行施工配合比的换算，这样必然会改变原理论配合比的水灰比、砂石比及浆骨比。这些都直接影响混凝土的粘聚性、流动性、密实性以及强度等级。原材料汇集入上料斗的顺序：当无外加剂和混合料，依次进入上料斗的顺序为石子、水泥、砂；当掺混合料时，其顺序为石子、水泥、混合料、砂；当掺干

粉状外加剂时，其顺序为石子、外加剂、水泥、砂子。混凝土拌制不小于规定的混凝土搅拌的最短时间。施工中不得随意增加或减少材料用量，必须按规定的坍落度拌制混凝土，对不合格的混凝土不得浇筑。拌和过程中，应随时检查拌和深度，重点检查拌和底部是否有"素土"夹层。混凝土符合要求时，拌合物搅拌均匀、颜色一致，具有良好的流动性、粘聚性和保水性，不泌水、不离析。

三、水利混凝土工程施工的裂缝原因及其控制措施

水利混凝土工程施工的裂缝原因分析。笔者认为主要有以下原因：第一、结构基础不均匀沉陷的原因。当结构基础出现不均匀沉陷，就有可能会产生裂缝，随着沉陷的进一步发展，裂缝会进一步扩大；第二、太阳暴晒而产生的裂缝是工程中最常见的现象之一。温度裂缝所产生的原因是在有约束力作用的情况下，混凝土热胀冷缩所产生的体积胀缩，因受约束力的限制，在内部产生了温度应力，由于混凝土抗拉强度低，易被温度引起的拉应力拉裂，所以就产生温度裂缝；第三、混凝土水化时会产生的大量水化热，这种热量由于得不到散发，会导致混凝土内外温差较大，从而在其内部产生温度应力，使混凝度发生超过其承受极限的形变而引起裂缝；第四、构件超载产生的裂缝。例如构件在超出设计的均布荷载或集中荷载作用下产生内力弯矩，出现垂直于构件纵轴的裂缝，构件在较大剪力作用下，产生斜裂缝，并向上、下延伸；第五、混凝土的塑性塌落而引起的裂缝一般出现在一些厚度较大的结构构件当中。

水利混凝土工程施工的裂缝控制措施。主要表现为：加强混凝土配合比的科学设计，掺入粉煤灰，选择减水剂，保证泵送流动度。采集原材料进行试拌，尽可能地减少水泥用量，添加 I 级粉煤灰，将水胶比控制在规范允许的范围内，粗骨料采用二级配。掺入适量的粉煤灰对改善混凝土的和易性，降低温升，减少收缩，提高抗侵蚀具有良好的作用。结合水利工程实际进行施工。混凝土的浇筑尽可能避开高温、曝晒、多风、降温的天气，若需要上述条件下施工时必须有相应遮挡、保温措施，严格水利混凝土工程的温度裂缝控制。在水利工程混凝土施工过程中，为防止温度裂缝，所以对混凝土内部进行了温度控制。在大体积混凝土内部埋设热电耦测温，以便掌握混凝土内部的温升变化及内部最高温度的发生时间，通过蓄热保温的方式使混凝土内外温差控制在25℃以内。为了达到对温度控制，通常会使用两层农膜加干铺，加强水利工程混凝土施工过程中的质量控制。第一、二次振捣法消除混凝土沉缩裂缝。对于浇筑后坍落度已经消失开始初凝的混凝土进行二次振捣，混凝土会重新液化，能较好地消除粗骨料、钢筋下面的水膜，消除沉缩收缩量。泵送混凝土特别需要二次振捣；第二、控制约束裂缝的措施。混凝土约束裂缝的产生是混凝土内外温差过大或收缩引起的约束拉力超过了混凝土的抗拉强度，在混凝土内外温差过大、气温骤降时，及时采取保温、保湿措施，加强测温和气温预报，做到防护及时。闸墩下部与底板同时浇筑或尽量缩短闸墩与闸底板之间浇筑的时间间隔，可有效控制闸墩裂缝发生。

综上所述，水利工程是利国利民的国家基础设施建设，而混凝土材料是水利工程建设中的重要施工材料，并且水利工程建设中的混凝土施工对混凝土强度、工作条件以及其应

用效果，都有更加严格的要求。因此为了保障水利工程中的安全运营，必须加强对水利工程混凝土施工及其裂缝控制进行分析。

第五节 水利工程混凝土施工模块的具体分析

为了满足现阶段水利工程工作的开展，进行混凝土整体施工体系的健全是必要的，这需要针对其中的混凝土质量问题进行分析，进行水利工程建设体系的健全，更好的解决混凝土工程施工过程中的问题。这需要针对其原材料、配合比、操作模块、工艺模块、技术模块等进行分析，进行混凝土结构物的分析，更好的针对一系列的质量缺陷进行控制，保证质量缺陷的解决，保证质量事故的解决。这离不开混凝土质量加强体系的控制，从而优化混凝土工程质量，进行时间资本及其资金资本的控制，保证混凝土施工质量控制效益的提升。

一、关于混凝土施工气泡及其相关模块的分析

在当下混凝土施工模块中，其水灰比都是比较大的，并且其砂石颗粒存在分配不均匀的情况，也就不利于其全部空隙的充斥，更难进行模板脱模润滑度的控制，这就导致了模板面的上浮情况的不合理应用，这就需要进行混凝土外加剂中和反应的分析，更好地满足当下工作模块的需要，从而实现漏震模块及其过振模块等的优化，更有利于进行一些气泡的控制，更有利于进行气泡形成情况的分析，进行铺料厚度的控制及其优化，保证振捣时间的整体控制优化，避免气泡的不完全排除的情况。保证模板的建设，保证混凝土振捣模块的优化，实现气泡的控制。

为了满足当下工作的需要，进行混凝土配合比的优化是必要的，这就需要按照实验的具体需要，进行混凝土配合比的优化，进行外加剂掺量的控制，更好地满足混凝土摊铺的需要，保证振捣作业模块的开展，更有利于提升混凝土摊铺厚度的控制，保证振捣棒的控制优化，避免其漏振情况的出现。

在当下混凝土施工过程中，进行气泡的控制是必要的，这需要针对其相关部位的气泡展开处理，保证拆模模块的处理及其控制，这需要遵循相关的处理原则，以满足当下的工作需要，确保混凝土施工工作的有效开展。用相同或高于结构物混凝土强度等级的水泥砂浆填补并压光，采取覆盖养护措施，防止水流冲刷。对斜面和曲面部位可在混凝土浇筑完6h后拆模处理气泡，其处理效果较好，但拆模时要避免扰动已浇混凝土。

二、混凝土孔洞处理方案的优化

在当下混凝土施工模块中，进行孔洞处理方案的优化是必要的。所谓的孔洞就是其结构内部存在着空腔，里面并没有混凝土或者出现太多的蜂窝状的缺陷；所谓的孔洞就是指不合理的钢筋保护层厚度，不能进行物件截面尺寸的缺陷控制。孔洞使结构物断面减少，

降低结构物承载能力，蓄水结构物还可能形成渗漏通道、混凝土拌和物严重离析、混凝土料干硬、入仓混凝土料架空或骨料集中、混凝土摊铺料太厚、漏振、模板严重漏浆等。

在当下混凝土孔洞处理模块中，进行混凝土拌合物的均匀性控制是必要的，这就需要进行混凝土整体和易性的优化，保证分层摊铺模块、振捣模块、平仓模块等的控制，保证其振捣的均匀性，更好地进行漏振，保证其模板缝隙的整体密合性的控制，保证模板的整体支撑的牢固性。在当下的孔洞工作模块中，进行蜂窝、麻面处理模块的优化是必要的，这就需要针对其孔洞的松散物进行凿除干净，进行混凝土填塞处理模块的优化，当然在实际工作模块中，要注意的不同的应用场景。对面积较大、深度较深的孔洞，将孔洞凿除彻底，打锚筋和架设钢筋网。塑性收缩裂缝呈断断续续、似连不连，有时像龟壳状一块块，裂缝粗而短，缝裂至钢筋为止。多发生在高温多风的天气浇筑的混凝土，或者混凝土浇筑完毕表面未及时覆盖，水的蒸发深入表层引起表面猛烈脱水而致。

为了更好地进行混凝土硬化的稳定运行，进行沉实均匀性的控制是必要的，这样才能进行沉缩裂缝的控制，更有利于满足当下工作分布的需要，保证混凝土的整体浇筑模块的优化，这也需要进行约束性裂缝的控制。毕竟约束性裂缝水泥在工作过程中，会进行大量的热挥发，其内部温度都是比较高的。在该模块中，如果其表面温度是比较小的，那么其表层大多受到内约束力的控制。这种裂缝一般发生在厚大的结构中，即大体积混凝土的裂缝问题。我国普通混凝土配合比设计规范规定：混凝土结构物中实体最小尺寸不小于 1m 的部位所用的混凝土即为大体积混凝土；美国则规定为：任何现浇混凝土，只要有可能产生温度影响的混凝土均称为大体积混凝土。

在混凝土配合比优化过程中，进行原材料的优化控制是必要的，比如进行水泥用量的控制，进行水胶比的可允许范围的控制。在粗骨料控制过程中，进行二级配合模块的控制，进行适当的粉煤灰的控制是必要的，这离不开混凝土的和易性的控制，从而保证其整体抗侵蚀性的优化，更好地进行裂缝处的斜筋模块的优化，从而让钢筋代替混凝土承担拉应力，这样可以有效的控制裂缝的发展。为了避免裂缝的出现，在设计中利用中低强度底水泥充分利用混凝土的后期强度。在工程结构设计中要特别注意降低结构的约束度，对于混凝土中钢筋保护层的厚度应当尽量取较小值，因为保护层的厚度愈大愈容易发生裂缝。

在混凝土工作模块中，露筋是比较常见的，其大多是混凝土内部的缺陷。原建筑物的露筋情况一般都是混凝土表面的腐蚀情况、冻融情况等，导致混凝土的保护层的脱落，或者受到意外的撞击而发生的一系列的情况。影响结构物受力或形成渗水通道。浇注混凝土时，钢筋保护层垫块位移，或垫块太少露放，致使钢筋下坠或外移紧贴模板面外露。结构，构件截面小，钢筋过密，石子卡在钢筋上，使水泥砂浆不能充满钢筋周围，造成露筋。

通过对混凝土配合比的优化，更有利于进行离析情况的控制。这需要进行模板部位的缺浆情况的控制。进行混凝土保护层的优化，保证保护层外混凝土漏振情况的控制，更好地进行钢筋位移的优化，避免露筋情况的出现，避免钢筋的偏移情况，保证混凝土浇筑模块的优化。浇注混凝土，应保证钢筋位置和保护层厚度正确，并加强检查，发现偏差，及时纠正。钢筋密集时，应选用适当粒径的石子。石子最大颗粒尺寸不得超过结构截面最小尺寸的1/4，同时不得大于钢筋净距的3/4，截面较小钢筋较密的部位，宜用细石混凝土浇筑。

在当下混凝土工作模块中，进行浇筑高度的控制是必要的，这样可以更好地进行离析情况的控制，这需要做好浇筑的相关工作，保证其缝隙的堵好，更好地进行混凝土振捣模块的优化，这需要保证振捣方案的控制，保证混凝土的整体的优化，保证钢筋的质量的提升。拆模时间要根据试块试压结果正确掌握，防止过早拆模，损坏棱角。在水利工程混凝土施工中，严格按设计要求，加强对混凝土工程的这些要点质量控制，对延长水工混凝土使用寿命，节省工程费用，实现经济、安全、高效的工程建设管理目标有着重要的现实意义。

第九章 混凝土施工的实践应用研究

第一节 浅谈水下混凝土施工的应用

在施工中水下混凝土施工技术具有至关重要的作用，其不仅是工程施工工作有序开展的基本条件，还是推动我国社会经济持续增长的关键点。基于此，相关部门需加大水下混凝土施工技术重视力度，促使其存在的实效性在工程施工中发挥出最大化，以期我国现代社会健康有序发展。基于此，以下对水下混凝土施工的应用进行了探讨。

混凝土作为主要建筑材料，在水下工程施工过程中是长期在水的环境下进行运作的。与普通的混凝土相比，水下混凝土施工技术在工程当中的应用可以有效提高施工质量和效率，因此应用水下混凝土的施工技术对水下工程的发展是有很大的助益的。

一、水下混凝土的主要特点

流动性能好。水下混凝土具有较好的流动性。普通的混凝土材料在浇筑施工的过程中需要施工人员进行振捣来保证混凝土的密实程度，而水下混凝土则是利用混凝土结构中钢筋结构当中的缝隙进行填充，填充效果与普通的混凝土振捣的密实程度相同甚至更好。

具备较强的抗分散性。水下施工过程中，在混凝土内掺入一定量的絮凝剂，会有效减少混凝土掺合料的流失量，不会出现离析现象，有极强的抗侵蚀性。水下混凝土所具备的抗分散性能够利用水溶液的透光率或是酸碱值和筛洗混凝土来进行测试。若是絮凝剂用量高于水泥重量，酸碱值应在 8 到 10 之间，而透光率在 90% 以上，其水泥损耗不会高于 10.2%，而常规混凝土的水泥损耗率会高于 60%。为此，水下混凝土有极强抗分散性，让水中的混凝土保持同等比例，在水下构成较均匀的混凝土结构。

二、水下混凝土的施工技术要点

垂直导管法。混凝土的灌注过程是在水下实施的，混凝土的灌注质量对环境的密封性要求很高，根据这一特性在水下混凝土灌注施工时就会用到垂直导管的施工技术。垂直导管法在施工时是利用密封性较强的导管来完成水下混凝土灌注作业的，在具体施工时水下混凝土在导管中利用自身的流动性，自动形成平整、密实的混凝土结构，而导管当中的小球是负责在水下混凝土自动流动时平整四周边角的。垂直导管法需要的施工设备非常简单只有混凝土下流导管和装料漏斗这两部分进行组装就可完成。垂直导管法有施工技术便捷、施工设备简捷等特点，被广泛因应用于水位较深、工程较大的水利建设当中。

装袋叠置法。把透水纤维织物袋搁置到水下适当的位置，在织物袋内放入坍落度在 50~70mm 间的混凝土混合料，所装的物体体积需是透水纤维织物袋体积的三分之二。透水纤维织物袋的叠放好比砌砖，为了保证其稳定性可以插接一些短筋。这是种传统、陈旧的方式，但结构非常牢固，此法只在非侵蚀条件下利用。

泵压输送法。泵压输送法就是利用输送泵将混凝土传输到水下完成浇筑施工，这种方法更为简便。但是输送泵在运行的过程中会受到混凝土浇筑阻力的影响，输送泵内部的压力与浇筑阻力是成正比的，压力过大会使施工出现安全故障导致混凝土浇筑失败。因此泵压输送法在施工的过程中要严格控制好甬管输出口与混凝土浇筑部位之间的距离，泵口深入混凝土浇筑内部不能超过 1 米，最好控制在 0.3 到 0.4 米之间，如果少于 0.3 米泵输送的阻力过小就会使水进入到输送泵内同样会降低混凝土浇筑的质量。

添加絮凝剂法。在混凝土中添加一些特殊的絮凝剂，又称为抗分离剂和增稠剂，可以使混凝土具有较强的黏性，并可以有效抵御水的冲刷。在水下自由下落时，可以在水下自密实。此外，还可以有效减少由于施工给水环境带来的污染，缩短实际工期。其是一种十分高效的水下混凝土浇筑方式。此方式能够让混凝土的抗压强度维持在 25~30Pa 之间。此种混凝土的实际价格要比常规混凝土的实际价格高出 0.8 倍左右。近几年，大坝施工的具体形式，同导管或是泵压方式相结合能够确保混凝土实际灌注中不受环境水限制。

三、原材料选择

水泥。水泥活性是决定混凝土强度的基本条件，选用质量稳定、活性高、需水量低、流变性好的 P.O42.5 中低温水泥。稳定性合格，入口强度大于 52MPa，标准稠度用水量小于 27%。它对添加剂和掺合料具有良好的适应性。

砂子。采用二区碱活性低的洁净级配砂，Mx=2.3~3.0，含泥量 <3%，含泥量 <1%。3.3 选择直径 5-31.5mm 连续级配的非活性机制砾石。质地坚硬、洁净、分级，含泥量小于 1%，针状颗粒含量小于 10%。

外加剂。高性能减水剂是满足混凝土和易性要求，获得最终强度的关键材料。选用聚羧酸型减水剂，可大幅度降低混凝土耗水量，降低水胶比，提高混凝土强度。它还可以较好地分散掺合料和水泥颗粒，使其不易絮凝和结块，增加混凝土的流动性。

掺合料。仅仅依靠水泥的活性和水泥用量的增加来配制高性能混凝土是不够的，过量的水泥对混凝土的性能并不是完全有利的。为此，选择了两种矿物掺合料，通过叠加效应获得较高的活性系数。同时可以改善水泥浆体的微孔结构，减少空隙，使混凝土更加密实，提高耐久性。

粉煤灰。F 类 II 级粉煤灰，烧失量 ≤8%，需水量比 ≤100%。

拌和水采用自来水。

综上所述，对于水下施工来讲，水下混凝土施工技术十分重要，其不但能够保证水下施工整体质量，还能确保社会公众实际生活需求得到满足。为此，相关人员需给予水下混凝土施工技术高度重视。

第二节 水利水电工程管理中混凝土施工的应用

混凝土在水利水电工程建设管理当中是一项比较重要的步骤，是针对水利水电工程管理质量的基本施工程序，对水利水电工程中混凝土工程建设施工起到有效管理的作用。本节主要分析了水利水电工程管理中混凝土施工的意义和应用。

在我国水利水电工程管理当中混凝土是作为施工阶段比较重要的环节，并且对水利水电工程管理也有着非常重要的关联。以下主要是分析混凝土施工的应用在水利水电工程管理当中的必要性和应用的相关措施。

一、混凝土施工在水利水电工程管理中的意义

混凝土施工可以根据现场的施工环境和需求进行制定管理计划，保证施工技术的合理性，避免出现不合格的施工现象。为了对日后的生产线上经营做好相关的工作安排，施工单位可以根据实际的需求进行制定计划，并保证向各个部门做好制约关系，在进行制定施工计划时需要结合相应的成本和进度来规定，并且在制定的计划中必须要按照我国相关的各项指标进行制定，达到各项指标成为统一的科学性系统，这是对水利水电工程建设管理中的混凝土管理计划中的特点和重要计划。因此，水利水电工程建设中的混凝土管理体系需要不断加强，即可达到合理化的科学制定体系标准。并在比为基本的混凝土管理做好实际施工安排，需要提高水利水电工程混凝土的管理体系，然而要根据实际施工现场出发，制定出一个比较合理化科学观念的施工计划，为整个管理计划合理性做好相关的良好条件，保证完整的施工科学性能够有效地进行应用，将施工成本和进度等都得到了相应的控制的节约，有效地提高施工部门的经济利益并存的发展方面中的作用。规定目标为主要的施工切入点计划，可以根据施工设计中的实际现场条件进行处理，有效地确保施工技术计划的完成，促进施工中的各项程序都可以达到有效地进行使用。在实际的施工现场当中，必须要充分地考虑到施工现场中可能会出现的一系列情况出现，需要按照先前制定的施工计划去进行，要对水利水电工程中混凝土管理的必要意义，确保在施工中能够稳定的进行工作。

二、混凝土施工管理在水利水电工程技术中的要点

水利水电工程管理中混凝土是作为比较重要的基础材料之一，也是施工当中使用技术要点，此技术是针对工程施工质量中的基础与保障。混凝土施工中控制温度是相当重要的步骤，控制不当会直接影响到施工质量以及工程的经济利益。相关的技术管理是对混凝土施工管理的一个重要作用，其中包括对技术人员和设备机器以及相关的资料等管理。技术人员在施工管理当中主要是发挥在技术水平当中，在实际的施工当中很大程度上还是针对技术管理方面。整体的施工管理对施工质量有着重要的意义，因此，必须要认真对待施工当中存在技术类的问题，并采取相关的解决措施，尤其是技术当中的开发和维修方面。技

术人员对整体的施工管理状态都认识不到位，就避免不会出现一些突发事故的现象，或是存在发生一些突发的事故时，技术人员却不能够及时的解决，不仅为日后的施工影响了进度，还会对设备的使用寿命产生了隐患。如果在施工当中技术开发不够积极，将会直接对施工质量的水平造成不良的后果。若是施工质量得不到性格的检查规范，会造成很严重的后果，甚至会导致一些资金损失。因此，需要强化管理制度，赏罚分明的体系，增强施工人员的业绩考核活动，从而有效地增加施工人员的施工质量和速度。与此同时，必须要注意相关的技术更新和使用，从而减少施工管理的成本投资，缩短施工的日期，前提是要保证施工的质量达到合理规范。需要有整体的组织计划进行详细的安排，并且充分的使用合理化的先进技术，能够提高施工管理的水平，为了达到实现施工建设工程的成本节约、经济效益提高，这必须是在施工技术质量达到安全可靠的前提。施工技术管理在水利水电工程汇总混凝土是施工应用中具备着非常重要的位置，所以在施工当中必须要认真地对待技术管理存在的问题以及维修手段，并且选择好最佳的解决方案，特别是针对设备维修的工作，施工质量检测是必不可少的环节之一。所以必须要加强技术人员的考核制度工作，增强施工人员自身的认知度，提高施工整体质量并加强对人员的管理制度。同时还需要对施工人员和技术人员的创新工作，在最大限度上来减少工程的整体开支成本，从而提高施工人员的整体工作效率，同时也加快了施工的工期。有详细的计划并有组织的进行管理，并且需要充分的结合当今社会比较新型有效的管理方式，以最快的速度去完成施工，前提是在保证施工中安全可靠和质量的基础问题。

三、水利水电工程管理中混凝土施工管理措施

增加混凝土施工技术的管理主要意义是在于全面性的质量管理，针对相关的施工过程中所出现的因素进行管理，实现全面性的施工质量工作。因此，需要改变传统的是施工形式，将以往传统的施工管理检测结果变成预防的过程以及因素。将传统的管理模式逐渐地转变成综合性的管理形式，在施工管理当中需要不断地进行完善。增强相关的技术人员对施工质量做好责任意识，有效地增强基础施工设施，从实际的角度与社会经济效益方面实施，有效增强混凝土的基本建设。因此，需要加强对相关的技术人员做好培训专业等方式，使技术人员可以充分地意识到施工建设的重要性。将施工技术整体的贯穿到施工建设管理当中，控制好施工建设的成本开支，和质量以及施工进度的统一性，做好前期的准备工作，有效地减少施工成本的投资，一定要按照原本制定的施工方案去进行，合理的实施，对施工建设现场的管理要求需要严格，在技术和管理组织水平当中能够有效提高施工的经济成本。尤其是针对水利水电工程管理中混凝土施工管理当中，需要增强计划的管理和技术的指导，包括成本管理之间的制约，综合性提高施工质量和成本预算，为施工单位的整体经济效益达到一个可靠安全的基础保证。

水利水电工程管理在混凝土管理当中是起到保护整个施工现场的质量重要作用，为我国的水利建设施工发展起到一个比较可靠的基础，可以有效地促进水利水电事业的不断发展前进，从而提高国民经济效益。

第三节　建筑工程施工技术中混凝土施工应用

最近几年的建设工作中，普遍的使用混凝土物质，其是一种混合材料，是用水以及水泥等多种物质混合而得到的。本节分析了其在建设活动中的作用。

一、合理的选取原料

只要确保使用的原料品质优秀、性能稳定，做好配比工作，才可以防止其出现不利现象，防止其发生缝隙问题。

水泥：在众多形式的缝隙中，由于水化热而引起的问题频率非常高。在建设的时候，要用那些优秀的单位制作的材料，以此来确保其品质，而是用热量不是很高的。在选取的时候，建设方应该有专门的工作者来负责开展，要详细的检查其品质证明材料，明确它的凝结活动的用时，明确其稳定性等特征。

骨料：对于建设工作来讲，对于骨料有着非常严苛的规定，要确保其有着较高的品质以及优秀的强度，各方面的性质要保证稳定，而且不应该存在杂物，要确保其级配连续。对于细骨料来说，一般是用中粗的砂。

添加剂。选取合理的添加材料，能够降低缝隙现象。粉煤灰是非常好的材料，它能够改善和易性特征，而且也能够改善水化热反映。

配合比：对于大体积的材料来说，在保证其强度合乎规定的时候，要使用最少的水泥，这样能够提升其流动性，提升其和易性特点，特别是对其流动性等特征，应该多次的测试，这样才会得到优秀的配比。

二、建设特征

关于建设工艺。在保证原料的品质合乎规定的前提下，结合建设环境等要素明确其配比，在拌和的时候，要认真地称重，确保材料的品质合理，而且还应该按照批次等对其品质进行检查，确保其取样以及输送等活动开展顺畅，在建设的时候，要认真地检查其建设步骤，不应该出现使用劣质材料的情况，确保建设工艺中没有遗漏等现象。

浇筑时期要关注的内容。当浇筑的时候，要关注其冷缝。在建设的时候其出现的频率非常高。假如其浇筑不是很好的话，冷缝就容易发生很多的孔隙。假如存在这种问题的话，一般使用振捣的措施来处理，一般是机械形式的，因为人工的活动，会使得其布局不合理，在建设的时候，要按建设的规定来明确振捣的用时，假如存在了缝隙的话，就应该合理的增加其用时，将其表层的浮浆等不会沉降当成是关键的参考内容，此时就可以确保建筑品质合理。

三、详细的建设内容

浇筑措施。在建设的时候，在对其进行浇筑工作的时候，要确保以如下的一些步骤来开展：自然流淌、水平分层、斜向分段、持续推移、一次到顶等。此时切忌对拌和好的材料添加水分，如果其品质不达标的话，要将其退用。所有的材料在初凝之前的时候，都应该被之前的盖住为宜，要确保浇筑的间隔小于初凝活动的用时，防止其发生缝隙。在浇筑的时候，要随时地观测气候，不应该在气候变化比较频繁的时间中开展。

关于振捣工作。一般是分三次开展：第一道为混凝土的坡角，第二道为混凝土的坡中间，第三道为混凝土的坡顶。必须要确保其方位合乎规定，而且认真的配比才可保证振捣遮盖整个区域。

掌控好气温。现在，掌控气温的措施非常多，目前工程建设中通常采用改善骨料级配来避免产生混凝土温度，具体做法为：选择干硬性混凝土，加入混合料，此举不需要使用过多的水泥。除了这个方法，在拌和的时候添加水等也能起到作用。

改善约束：要想提升模板自身的周转性特征，在建设的时候，就要将新浇筑的材料尽早地进行拆模工作，假如其温度超过大气的温度的话，就应该把握好其用时，防止出现缝隙。

关于建设的管控工作。在浇筑的时候，建筑者要严密的观测其坍落性等特征，假如存在不利现象的话，要及时地对其配比加以调节。要监督建设方管控好浇筑的尺寸等是不是合乎规定，监督其移动的距离是不是合乎规定。对钢筋交叉密集的梁柱节点是否振捣到位，以此来避免存在蜂窝等现象。

对于管线的铺筑工作。当管线比较的聚集的时候，要按照放射的形式来设置，一般不使用平行方式，这样可以对线管底部的混凝土浇筑起到帮助。对于提前埋设的管线也要进行一定的紧固，最好是确保其在板件之中活动，以防止立体交叉穿越。

四、缝隙成因和应对方法

缝隙的成因。导致缝隙形成的要素非常多。比如：①收缩裂缝：混凝土的收缩引起收缩裂缝。收缩的主要影响因素是混凝土中的用水量和水泥用量，用水量和水泥用量越高，混凝土的收缩就越大，选用的水泥品种不同，其干缩、收缩的量也不同；②温差裂缝：混凝土内外部温差过大会产生裂缝。主要影响因素是水泥水化热引起的混凝土内部和混凝土表面的温差过大。特别是大体积混凝土更易发生此类裂缝；③材料裂缝：材料裂缝表现为龟裂，主要是因水泥安定性不合格或骨料中含泥量过多而引起的。

应对方法。在建设的时候，混凝土容易出现缝隙，所以，要做好应对工作。要切实的了解设计的思想和相关的技术规定，要认真地按照设计的思想和建设规定来设置。如果真的发生缝隙的话，要结合其成因来认真地对待，要结合它的受力特征和使用性的规定，来实施合理的应对措施。不管是哪一种措施，都要确保其合乎具体的建设状态，要确保其安全稳定，而且还要合乎技术层次的规定。要确保处理之后的缝隙具备原有的承载力、抗渗性和整体性。同时还要防止人为损害，尽量避免大面积修补，以保持原结构的外观为基础。

常见处理方法有：①修补表面：该方法适合较窄的裂缝，可以修补表面美观并提高耐久性；②裂缝填充：适用于裂缝较宽的建筑；③混凝土注入：适合裂缝较窄且深的情况，将修补原料注入混凝土内部。

五、混凝土的养护

采用内散外蓄综合养护法，可有效降低混凝土温升值，大大缩短养护周期。对于超厚大体积混凝土施工尤其适用。根据热工计算，混凝土内部与表面温差不大于25度，混凝土现浇板在进行浇筑完成之后的12h之内都应该做好相关的覆盖养护工作，比如说可以采用麻袋进行覆盖，并且淋水以保证湿度，而对于普通的混凝土在浇筑完之后应该不少于7d的保养，对添加缓凝剂的混凝土或者有抗渗要求的混凝土不能够少于14d的保养；在混凝土浇筑完成之后的72h之内，不能够进行踩踏、支模以及加荷；在混凝土强度小于10MPa的时候，不能够在现浇板上吊运、堆放重物，堆放重物的时候应该减轻对现浇混凝土板冲击影响。另外，在施工的过程中应该严格的控制好施工推载，施工的时候临时荷载不能够超过设计文件规定的荷载限值内。

总而言之，混凝土施工是房屋建筑质量问题中的关键。其质量是不是合格、达标，会直接影响到整个建筑工程的质量，一旦出现问题，就会威胁到人们的生命、财产安全，严重的还会对社会造成负面影响。正是因为这样，相关的建筑施工企业、单位必须重视对混凝土施工技术的掌握，并且不断总结、分析，以提高自身的能力，这样才能够促进建筑业的全面发展、全面进步。

第四节　混凝土施工措施分析与应用

在建筑商业中混凝土是较为重要的建筑材料，钢筋混凝土在建筑工程中应用效果显著，其主要的内容就是钢筋以及混凝土，而混凝土的承重能力也直接影响建筑质量。在社会经济的持续发展过程中，房屋建筑逐渐增多，加强对混凝土施工的重视，合理分析，可以提升施工质量。对此，文章主要对混凝土施工的措施进行了简单的分析论述，以供参考研究。

一、房屋建筑混凝土施工措施

在混凝土施工中，必须加强对技术的控制，分析裂缝产生的因素，提升混凝土的整体结构，保障混凝土的完整性。在实践中，混凝土的搅拌要在严格的控制之下进行，要重视混凝土的运输以及浇筑，加强对混凝土施工技术的控制，加强对各个施工环节的控制，进而从根本上提升混凝土施工在质量与效果。

混凝土施工准备。混凝土施工之前，要进行施工准备与控制，在实践中要合理地选择水泥以及骨料，重视粉煤灰的掺入控制，其具体的内容如下：①水泥的选择与控制。在水泥的选择以及控制过程中，要基于建筑的具体功能需求为基础系统开展。在内部混凝土的施工中多数应用的就是低热矿渣水泥，因为内部混凝土具有高强度的特征，在实践中有低热的优势，其抗裂性能良好。在外部混凝土施工中，则要应用中热硅酸盐水泥，综合其抗裂性能优势有效分析。在应用热硅酸盐水泥的过程中要掺入适当的粉煤灰，这样才可以提升其整体的性能指标；②合理选择骨料。骨料主要分为粗骨料以及细骨料。在对粗骨料选择过程中，要尽可能地应用具有自然连续级配的碎石，这样可以有效地控制水泥自身的用量，也可以提升水泥的强度，进而有效地增强混凝土的密实度以及整体的均匀度。同时，通过碎石拌和的混凝土其抗裂性良好、强度较高，在实践中应用效果显著。

在进行细骨料的选择时主要应用中粗砂，保障粉煤灰的细度以及质地符合规定要求，保障粉煤灰的掺入量在20%左右。

混凝土的搅拌处理。在准备工作完成之后，就要进行混凝土的搅拌处理，商品混凝土搅拌要符合规定要求。在施工中应综合具体的比例以确定各种材料的具体用量，保证用量精准。要测定骨料的含水量，及时调整具体的用水量，合理控制。在混凝土的搅拌过程中，要适当地增加外加剂，延长搅拌的实践，基于规范要求有效开展。

混凝土的运输。在混凝土的运输过程中，要基于规定要求开展，在混凝土完全凝固之后在进行运输。在卸载的过程中，要将卸载高度控制在2米以下，保障出口角度与卸载地面的垂直型。在施工过程中，要重视建筑功底原材料的搅拌与控制，通过双轮手推车等机械设备进行运输。对于一些高于施工地点的车辆，则要通过混凝土泵、塔式起重机等进行运输，而对于数量的不多的混凝土地面运输工具则要应用手推车进行施工作业。

二、混凝土浇筑工艺措施与手段

混凝土的浇筑是较为重要的施工步骤，必须对水泥以及砂石等原材料进行核对分析，根据设计配合比重基于要求放置在搅拌机之中，在验收各项施工环节，进行坍落度的测试。

在混凝土的浇筑过程中，要保障混凝土吊斗自由下落的高度为2米，分段分层的方式进行浇筑，综合钢筋疏密程度以及结构特点进行浇筑高度。在一般状况之下，平板振动器分层厚度主要就是在200毫米左右，其最长长度要控制在500毫米以下，插入式振动器在应用中要通过快插慢拨的方式进行处理，进而保障插点的均匀性。而在处理过程中要控制上下层之间的接缝，要在5小时之内完成混凝土的浇筑，避免因为时间控制不当其出现冷缝问题。通过逐点移动以及连续浇筑的方式进行处理，在对第二层混凝土检修浇筑的过程中，要在第一层初凝状态之前，缩短间歇的时间。在要完成混凝土浇筑过程中必须对混凝土量及时估算分析，与搅拌站共同分析，对其进行计算。在完成浇筑之后，要对混凝土的表面进行刮平处理，以及混凝土拉毛处理与控制。

三、混凝土施工技术质量通病控制措施

混凝土施工裂缝问题。在混凝土的施工中，最为主要的问题就是大体积的裂缝问题，这也是影响施工质量的重要因素。混凝土结构出现裂缝会直接的影响结构的强度与硬度，也会直接降低建筑质量。在混凝土施工中出现的裂缝问题主要就是因为干缩变形、温差变

形以及结构变形等因素导致的。混凝土的干燥过程就是将自身的水分转化为蒸汽的过程，在整个过程中，水泥砂浆因为失水收缩变形高于粗骨料的变形，导致粗骨料受压、砂浆受压以及其他应力的分散等，这些应力在截面上是不会产生承受力的，但是会存在较大的具备应力，这样就会出现裂缝等问题。而出现裂缝的主要因素就是受施工以及设计等因素的影响。通过实践分析可以发现，在多数的混凝土裂缝中因为施工导致的裂缝问题在80%左右，因为混凝土配合比搭配不当导致的裂缝问题在整体的15%左右，因为设计不当导致的裂缝问题在整体的5%左右。同时，钢筋混凝土也会出现各种裂缝问题，在施工中因为各种因素的影响，如混凝土浇筑之后模板变形、拆模时间较长以及混凝土水泥含量较多等因素都是影响混凝土施工裂缝的主要问题。在混凝土施工系统中，工作人员要综合实际状况通过科学的方式进行控制，加强对混凝土裂缝质量问题的控制，发现的裂缝问题要及时处理，通过科学的方式与手段进行修复处理，这样才可以从根本上避免建筑施工质量问题的出现，保障施工安全性。混凝土施工中最为显著的问题是复杂性，而在实际的施工中会产生各种问题与不足，要想提升混凝土施工技术，就要加强对各种问题的预防与克服。而在混凝土中存在的最为主要的问题就是裂缝以及养护，混凝土裂缝问题就是建筑施工中较为主要的施工问题，直接影响建筑结构的安全以及稳固性，为了保障房屋建筑工程的施工质量，就要加强对混凝土施工的重视，解决存在的裂缝问题。首先，要分析混凝土裂缝问题，对材料、技术等各个环境进行分析，了解引发混凝土裂缝的主要问题，在施工过程中混凝土浇筑中要对混凝土水料比进行分析，科学分配，合理控制水温，提升混凝土浇筑方案质量。在混凝土施工中如果发现裂缝问题，要综合实际状况制定有效的补救措施与手段，而如果其存在的裂缝问题相对较小，就不会影响建筑的整体结构，技术人员只需要对表面进行修补。而如果其存在较为严重的裂缝问题，就会出现一些较为严重的质量问题，技术人员要通过灌浆修补的方式进行处理，在施工作业过程中，要综合裂缝的大小、宽度作为参考标准，进而灌浆处理，这样才可以保障房屋结构的整体稳定性。而基于建筑功能的角度分析，在建筑施工中，要想有效解决裂缝问题，就要对混凝土结构进行加固处理，要综合建筑材料以及具体结构类型合理开展。

混凝土施工蜂窝问题。蜂窝就是在混凝土建筑结构中因为在配置中石子较多、石浆液较少导致，在石子与石子之间出现了一些蜂窝状的孔洞，出现此种问题主要就是因为在混凝土的配置过程中缺乏精准性，搅拌时间不足，搅拌不均匀，振捣不密实等。离析等问题的出现是由于在下料过程中没有进行分层、振捣缺乏密实性、振捣的时间相对较短、模板之间的缝隙较大、水泥浆流失问题严重、钢筋过于密集、石子粒径相对较大等因素导致的。对此，在施工过程中要加强对混凝土配合比例的控制，充分搅拌混凝土，加强对建筑检查，避免出现问题。

麻面问题。在混凝土施工作业中，麻面是施工中较为常见的一种问题，其主要表现就是混凝土表面过于粗糙，呈现凹凸不平的状态。虽然麻面不会影响建筑整体质量，但是却降低建筑物的美观性。出现麻面的主要原因就是振捣不充分导致混凝土中的气泡无法全部排出，在模板的表面长期停留，在振捣过程中出现了离析等问题，这样导致砂浆应用较少，造成的麻面问题。而混凝土的环境和易性不足,无法保障水泥砂浆均匀的填满真个孔隙,也会出现此种问题。要想预防麻面问题,在施工过程中要保障模板表面的清洁性,要保障钢模板隔离涂刷的均匀性,保障振捣的密实性,加强模板缝隙的控制与管理。

四、混凝土养护措施

在解决裂缝等质量问题之后,就要对混凝土施工养护工作进行分析,浇筑工作是混凝土施工的重要内容,在浇筑之后要及时养护处理,这也是房屋建筑施工质量控制的重要方式与手段。要基于混凝土养护的科学性以及合理性,技术人员要保持混凝土养护的环境,保障混凝土浇水时间在12小时左右,并由专业的工作人员进行混凝土的养护处理。在混凝土的养护过程中要分析环境、季节等因素的影响。基于季节的特点分析,对房屋建筑混凝土进行养护,如果在夏季则要对混凝土的温度进行控制,在保持湿度的同时,适当增加湿润控制,保持湿度可以增加混凝土表面位置,保持整体的湿润度,保障混凝土连续浇水工作在7周左右。

随着社会经济的不断发展,我国建筑工程数量逐渐增多,而应用现代化的施工技术与手段可以提升施工质量,在建筑施工中加强对混凝土施工的控制,保障混凝土的强度以及完整性,提升混凝土的耐久性,有效地解决各种施工问题与不足,合理地应用各种技术手段,加强对混凝土施工措施与手段的分析,基于规范要求严格开展,加强对裂缝、蜂窝以及麻面等质量问题的控制,基于规范要求进行混凝土施工控制,强化养护,及时规避各种质量问题,在根本上提升混凝土施工质量,可以在根本上提升建筑工程的整体质量与效果。

第五节 土木工程混凝土施工技术应用

混凝土结构施工技术在土木工程建筑中占据着重要地位,往往其质量高低与土木工程建筑整体质量有着决定性作用。因此必须确保混凝土结构施工技术应用落实到位,一旦发现工程施工期间存在任何不利因素,便要立即采取可行性施工技术手段,只有这样才能进一步提高土木工程施工水平,为我国建筑行业的健康发展创造良好条件。本节根据笔者工作实践,对土木工程混凝土施工技术应用进行了分析和探讨。

一、概述

某种程度上说,混凝土是较具适用性和实用性优势的一项复合型材料,主要是指将收集到的材料借助胶凝材料结合起来,并将其使用到土木工程施工中。一般来说,混凝土主要包括水和砂石,需严格按照比例要求将其二者混合起来,随后向其中添加适量胶凝材料实施搅拌,进而可产生一种复合类型材料。往往该种材料具有较强硬度、刚度及防渗透和抗压性能较好,并且造价成本也相对较低,制造过程较简便,因此获得建筑行业的广泛青睐,特别是在土木工程中更是得到广泛应用。

二、土木工程建筑中混凝土结构裂缝产生原因

据详细调查显示，导致土木工程混凝土出现裂缝现象的几种原因如下：第一，水化热。水泥作为混凝土的主要材料之一，具体使用期间难免会出现水化热现象，并且因混凝土结构拥有较突出断面，所以水化热产生的热量无法及时排出而是会大量聚集在混凝土结构底部位置，致使混凝土内外结构出现较大差异，引发混凝土结构裂缝现象；第二，环境因素。某种程度上说，环境因素对混凝土结构温度也有着极大干扰破坏作用，如果环境温度较低，则混凝土内外结构温差就会拉大，出现温度应力情况，随着温度应力的不断增强，混凝土结构表面出现裂缝概率也就越大。本质上说，水化热和温度应力都是因温度变化而引发的混凝土裂缝隐患；第三，混凝土自身原因。根据调查显示，混凝土中的水泥强度是由水泥硬化产生的，在此过程中混凝土含有水分会下降20%左右，一旦水分蒸发量超出标准限定状态则混凝土结构会出现自缩现象，自缩数值就是实际蒸发量超出标准蒸发部分，由此可知，混凝土结构自缩值和自缩程度有着密切联系。如由矿渣产生的混凝土自缩值要远远低于细材料制作产生的混凝土自缩值。

三、土木工程建筑中混凝土结构施工技术的应用分析

降低减水剂使用频率。通常来说，土木工程建筑施工环境对混凝土浇筑质量有着一定程度影响，因此要求工作人员能做好工程施工环境把控工作，特别是施工温度管控。据调查了解到，每年7、8月份正是温度最高时间，混凝土坍落度较小，对混凝土结构稳定性有着不利作用，因而需将混凝土入模时间控制在标准范畴内，防止混凝土浇筑出现任何隐患问题，尽可能降低混凝土坍落度损失程度，确保混凝土使用性能更好满足土木工程建筑标准。就当前现状来看，部分施工企业常常向混凝土中增加减水剂，结合施工经验分析可知，减水剂含量不得超出1%，如果一味增加减水剂不仅不能起到减水效果，还会带来较大损失。要求施工方在进行混凝土运输时能尽可能确保搅拌速度在30秒之上，并且在混凝土制作时还能安排专业人士负责混凝土配合比控制工作，确保混凝土使用功能充分满足土木工程需求。

做好地下室顶板浇筑工作。土木工程建筑施工过程中，应根据不同情况制定相应施工方案，其中因地下室顶板以大型无缝混凝土结构为主，所以在方案设计时应充分考虑到实际情况。目前我国相关部门针对地下室顶板浇筑提出了明确规章制度，对地下室顶板浇筑过程提出了详细标准，将裂缝易发环节做出了标注，施工人员可根据土木工程实施情况适当改进地下室顶板浇筑技术，在此期间适当融合一些自身工作经验，避免裂缝问题再次发生。

做好混凝土配合比控制，外加剂合理添加。本质上说，混凝土质量如何对土木工程整体质量有着直接影响，而混凝土配合比作为混凝土质量的影响因素之一也发挥着突出作用，要求技术人员能严格按照土木工程标准开展混凝土配合比设计工作，确保混凝土配合比设置充分满足国家规章制度，进一步增强土木工程建筑混凝土强度。同时因受混凝土自身特

征约束，致使混凝土结构表面存在着较多毛细孔道，往往混凝土完成铺筑工作后表面水分便会立即蒸发，随之出现的便是毛细孔道扩大，易使土木工程建筑出现混凝土变形问题。

做好混凝土养护工作。混凝土养护是否到位直接决定着混凝土整体质量，并且养护手段的科学合理性也能有效增强混凝土使用性能。据相关调查数据了解到，目前我国土木工程建筑使用到的混凝土膨胀剂大多都是 ZY 膨胀剂，需严格按照国家提出的混凝土养护规范执行，在混凝土铺砌工作结束后立即在表面铺设一层草席或是麻袋，结合实际情况进行适量洒水便于实现最佳养护效果。同时土木工程的混凝土表面养护工作还要注意以下几点：第一，通常混凝土养护时间不得低于 28d；第二，如果混凝土材料的可塑性相对较差，必须要在混凝土浇筑洒水前做好喷雾养护工作；第三，混凝土养护过程中需始终保持连续养护状态，中间不能停止，确保混凝土表面处于较湿润，否则将对土木工程建筑混凝土结构施工技术应用成效带来不利影响。

总而言之，基于当前情况来看，土木工程建筑中的混凝土结构裂缝现象出现频率较高，不仅会建筑工程使用性能造成了极大破坏，甚至还会威胁到人们使用安全性。为有效解决这一隐患，要求工作人员彼此间能不断进行交流沟通，在探索学习中完善混凝土结构施工技术，做好土木工程隐患问题的预防工作，提出可行性预防解决措施，避免混凝土施工出现负面影响。同时还要做好混凝土养护工作，尽可能降低裂缝现象对土木工程建筑带来的危害程度，极大提高土木工程整体施工质量，发挥混凝土结构施工技术存在优势，为我国建筑行业的健康可持续发展创造有利条件。

第六节 公路桥梁施工中高性能混凝土的应用

公路桥梁在城市之中发挥了重要的区域沟通的作用，只有充分地将公路桥梁的价值体现出来，才能推动城市交通体系的快速发展，公路桥梁承担的任务不仅包括支持人们出行，同时还需要保证经济性货物顺利运输，因此工程建设人员必须要在工程建设条件允许的情况下，使公路桥梁具有更高的承载力。高性能类型的混凝土能够帮助施工人员将公路桥梁的质量进行提升，但是高性能混凝土作为一种特殊材料，具有特殊的使用要求，本节对其在公路桥梁之中的应用进行分析。

高性能类型的特制混凝土作为一种应用价值极高的建设材料，经常会被应用于大型的建设类工程之中。公路桥梁是一项重要的建设性工程，为了保持其建设质量，施工人员将这种高性能的特制混凝土加入到工程建设环节之中，在对桥梁可使用的时间进行延长的同时还需要进一步将公路桥梁结构的稳定程度提升，使公路桥梁能够在使用期间保持较高的使用性能，对桥上行驶安全进行保障，本节根据对具有高性能特征的混凝土的了解，对其在进行公路桥梁建设之中的应用进行分析。

一、材料特性分析

使用矿物掺合料。高性能混凝土一般都含有矿物掺和料硅粉、粉煤灰或磨细矿渣，经过国内外大型桥梁中的实际应用表明，其中以硅粉提高强度和耐久性的效果最显著。在非常恶劣环境中要求混凝土结构具有长寿命，或混凝土强度等级在 C80 以上，硅粉是高性能混凝土的必要组成部分。优质料理减水作用，高细度矿渣具有增强作用。这两种掺和料灰反应活性，能够在一定程度上降低混凝土渗透性，粉煤灰和矿渣会降低混凝土早期强度。

低水胶比。只有水胶比低，混凝土的孔隙率或渗透性才可能低，因此低水胶比是保证混凝土高耐久性于较高强度的前提条件之一。目前已形成共识：水胶比低于 0.45 的混凝土，不可能在严酷环境中具有高耐久性，实际应用的高性能混凝土水胶比常常介于 0.25~0.40 之间。

最大骨料粒径小。高性能混凝土骨料的最大粒径宜在 10~20mm。有两个原因：一是最大粒径较小，则骨料与水泥浆界面应力差较小，一位应力差可能引起裂缝；二是较小骨料颗粒强度比大颗粒强度高，因为岩石破碎时消除了内部裂隙。

二、配制方法分析

对于这种较为高级的工程建设材料的具体性能有所了解之后，就可以对其配制方法进行研究，一般施工人员都会选择在公路桥梁的施工现场来开展配制工作。

原材料。技术人员需要先对高性能混凝土配制需要的原材料进行选择，水泥是重要原材料之一。水泥材料的性能会直接影响到混凝土材料的基础性能，因此施工人员需要选用与国家给出的标准相符的优质水泥，防止水泥的细度过细，这种混凝土在被使用时，不宜在使用的早期就保持极高的强度，这也是这种混凝土的使用特点之一。

掺合料能够对这种混凝土的性能起到决定性的作用，其对于混凝土材料的影响主要体现其力学性能以及工作性方面，还能使其结构获得改善，对混凝土存在一些潜藏的问题进行克服，一般会选用活性矿物为原料的掺合料。

外加剂也是混凝土的重要原材料之一，施工人员选用的外加剂一般能够与水泥材料高度相容，在新拌的混凝土之中有着极好的体现，使用良好的外加剂能够对混凝土进行凝结的时间有着良好的控制效果，导致混凝土材料再被使用的时候可以减少坍落情况，还能使桥梁展现较好的密实度。

集料的应用也需要符合相关的标准，具有高性能特制的混凝土具有比较高的强度，但是用水量却相对比较低，施工人员必须要将集料的用量的合理性。

配比分析。水胶比是决定混凝土强度的主要因素，配合比设计时通常根据设计强度等级、原材料和经验选定水胶比。

用水量和水泥用量：普通水泥中用水量根据坍落度要求、骨料品种、粒径选择。高强度高性能混凝土可参考执行，当由此确定的用水量导致水泥或胶凝材料总用量过大时，可通过调整减水剂品种或掺量来降低用水量或胶凝材料用量。

三、施工工艺

保证材料管理工作的合理性。原材料是混凝土的基本组成部分，材料的变异将影响混凝土的强度，因此收料人员应严把质量关，不合格的材料不得进场。使用检验合格的原材料，不合格品坚决退场不能使用。不同类别不同规格的材料分类分区堆放，并且标示明显。

配置性能良好的搅拌设备。因高性能混凝土用水量少、拌和时较稠、水胶比低，因此需要采用拌和性能好的搅拌设备。卧轴式搅拌机或逆流式搅拌机能在较短时间内将其搅拌均匀，采用其他设备时须经过试验验证拌合物的均匀性。

保证浇筑工作的科学性。浇筑一般包括布料、摊平、捣实、抹面和修整等诸多工序，混凝土的浇筑质量直接关系到结构的承载能力和耐久性，所浇混凝土必须均匀密实且强度符合施工的具体要求。严格控制所浇混凝土的入模温度、坍落度和含气量等工作性能，浇筑采用分层连续推移的方式进行，泵送混凝土的一次摊铺厚度不宜大于600mm，间隙时间不得超过90min随意留置施工缝。

实施后期养护。完成混凝土部位的浇筑工作之后，施工人员还需要对公路桥梁的这一部分进行精心养护，一般高性能混凝土需要实施的养护工作类型为湿养护，混凝土需要通过硬化发育来提升原有性能，施工人员需要将工程环境之中的湿度以及温度进行保持，尤其是在拆模工作借助之后，对于拆模的顺序也需要进行规划，可以先对不承担桥梁重量的模板进行拆除，再将重要的承重模板进行拆除。拆除工作结束之后，施工人员需要迅速开展养护混凝土的工作，如果出现渗水问题，需要立即进行注浆，对裂缝处进行检查与修补，保证养护工作的质量，维持公路桥梁的整体质量。

本节首先对这种较为特殊的非常规性的混凝土材料具有的使用特性进行了研究，这种混凝土因其较为突出的性能在城市建设过程之中保有较高的应用频率，施工人员需要根据公路桥梁具体建设需求，来对高性能类型的混凝土材料进行配制，完成使用之后，还需要对使用部分进行特别的养护，对于高性能类型的混凝土的缺陷也要有所认识，对其流态进行提升，将这类混凝土现存的质量问题进行明确，将其耐磨性、耐久性进行增强，保证其能够在桥梁建设之中发挥更高的价值。

第七节　土木工程中混凝土施工技术的应用

一、混凝土技术

混凝土是众多土木工程中常见的建筑材料，我国水泥年产量一直高居国际前列，混凝土使用量庞大。我国混凝土施工近几年发展迅速，技术、工艺、效率都得到了长足的发展。

混凝土是利用胶凝材料、骨料、水等按不同比例配制，经过后期搅拌均匀密实成型形成的一种坚固的人工建筑材料，这一材料通常用于大型建筑中，需要满足足够的耐久性和强度。混凝土施工技术主要体现在材料配比、支模安装、搅拌运输、振捣、养护等方面。混凝土之所以应用广泛，在很大程度上是由于其灵活度较高、成本低廉、混凝土成型后稳定性有所保障。除此以外，由于工地现场施工条件比较艰苦，混凝土搅拌可以就地取材，大大缩短工期。另外由于混凝土材料配比自由度较高，融入新型材料后，使混凝土携带有新型材料的性能，这也能从另一方面不断推进混凝土施工质量，使混凝土能够完美匹配如今各项工程的不同需求。

二、混凝土施工技术的应用

支模安装。为了让混凝土质量达到标准水平，施工作业者必须合理利用支模安装技术。在构建架体前，要将施工环境中与之无关物品妥善清理，并利用测量仪器精准测出模具平面、垂直等，在施工过程中必须严格执行设计方案，避免因疏忽导致误差造成最终混凝土模型不符合工程要求。

支模安装搭建过程要严格按照设计进行搭建，以施工人员安全为主，切实遵守工地操作规范和流程。后期拆除过程也不能掉以轻心，遇到极端天气影响拆除工作，应该立即停止工作。不仅如此，支模安装技术中操作不当容易出现缝隙现象，施工人员应该在安装过程中选择精密度较高的经纬仪和水准仪对模板的垂直进行矫正。

搅拌运输。在运输搅拌前期，必须对混凝土各项操作进行合理规划，比如加料顺序、加水量、搅拌时间等。搅拌过程并非常人想象粗暴简单，而是要将各种骨料与水泥、水、添加剂等混合均匀，颜色也要保持一致，搅拌后的密度保持均匀，保证混凝土成型后各位置强度一致。搅拌机大小规模、添加砂石的粗细等决定混凝土成型时间。另外搅拌的顺序通常有一定的要求，投料时间先后顺序一般是石砂、水泥、化学外加剂。搅拌后要抽取样本进行质量检测，当检测标本达到工程要求后，才可完成搅拌工作。运输前，要对运输车身混凝土容器进行清理，避免在混凝土中掺入其他杂质。在极端寒冷天气时要对运输容器进行预加热处理。

振捣技术。混凝土技术中的振捣环节看似简单，但振捣过程决定着混凝土的密实度，在振捣过程中极大地考验了工作人员的工作经验。不同混凝土需要不同振捣设备，工作人员需要及时选择合适的振捣设备，振捣设备选择是否得当成为有效推进工程进度的一项重要因素。在混凝土振捣工作进行时，尽可能排除外界环境干扰，避免振捣设备掉头等情况出现。

接缝切缝。接缝技术对工作温度要求较高，温度过高或过低都会对接缝效果带来负面影响。工作人员在进行接缝技术操作时需要利用专业的温度测量仪来测量接缝环境的温度情况，使其达到最佳状态，才能进行接缝工作。接缝和切缝通常包括冷接缝、热接缝及切削结束，现场工作人员要考虑施工具体情况选择合理的技术。切缝技术通常是将不符合设计图纸的多余混凝土材料进行切除清理，使最终得到的混凝土材料能够切实的应用到实际工作中，不至于产生材料浪费现象。

三、混凝土施工技术质量控制

水泥质量控制。混凝土通常采用硅酸盐水泥，施工人员要掌握水泥的使用方法，合理加入水泥数量，在进行配比时，要采取科学合理的方法提高混凝土的整体强度。另外水泥的保存也有一定的要求：在混凝土配制前，水泥必须保持干燥。因而保存水泥的库房也要尽量选取干燥通风的环境，避免潮湿影响水泥的质量。另外在选购水泥材料时，选购人员要注意水泥的批次材料，选择符合国家质量标准的水泥。对不同水泥批次要做好完善的标记，根据具体使用情况选择长期合作的供应商。

骨料质量控制。骨料的种类有人工骨料、天然骨料和混合骨料。混凝土的骨料大多由砂石组成，砂石构成了混凝土的基础骨料，骨料的数量及质量往往反映出混凝土的强度。细骨料要检测含水量，粗骨料进行骨料级配检测。混凝土的具体配制源于工程需求，根据材料比例的合理性提高材料的整体性能，从而配置适合工程的混凝土。

搅拌问题控制。据可靠资料表明，绝大多数混凝土质量达不到工程要求的原因是坍落度控制不到位以及施工人员对搅拌存在盲区。施工人员配比时在混凝土搅拌中容易加入过多的水，这便导致比例出现失调造成气泡现象，而气泡的产生影响了混凝土的整体强度和耐久性。为了避免搅拌过程带来的混凝土质量问题，施工企业要加强培训施工人员关于混凝土拌制的相关知识。

浇筑过程控制。进行浇筑前要对浇筑环境进行仔细清理工作，做好局部防水措施。在炎热的夏季，可以适当对干燥地区采取洒水等方法。混凝土浇筑过程中高度不宜过高，如若高度超过两米可以适当调整浇灌方法，比如采取分层分段浇筑，同时也要避免施工缝的出现。

养护工作。浇筑工作完成以后，施工人员要对工作面进行洒水养护，保证有效时间的湿润效果，也可以适当采取薄膜覆盖的方法减少混凝土表面水分散失过快的状况发生。另外养护工作受到天气环境影响较大，施工单位要根据当地天气实际情况及时采取相应的养护防护措施。

混凝土施工过程中需要注意的项目较多，且多是细节处理。这些看似稀松平常、简单的细小环节正是影响混凝土质量的关键因素。随着现代科技发展，我国土木工程对混凝土质量要求越来越高，土木工程施工人员要不断提高自己土建施工方面的理论知识，还要结合具体实践、总结工作中的经验教训，完善自身关于土木工程建设的相关施工技术。

第八节　道桥施工中钢纤维混凝土的应用

钢纤维混凝土技术在道路桥梁工程施工中应用，可有效提升工程使用性能，节省建设所用时间。由于道路桥梁工程建设中，涉及的项目类型比较复杂，钢纤维混凝土材料应用在其中，还需要加强工程质量管理，本节将从施工技术优化应用的角度进一步探讨道桥施工中钢纤维混凝土的应用。

一、钢纤维混凝土施工特点

在常规混凝土材料基础上，添加短小的钢纤维并搅拌均匀，形成的钢纤维混凝土材料，不仅延续了常规混凝土的结构强度，更改善了混凝土材料耐摩擦的性质，并且更具有抗疲劳能力。相比于常规混凝土材料，其抗拉伸能力提升了40%以上。从施工方法上分析钢纤维混凝土与常规混凝土并没有太大差异性，但在配合比例确定上，需要根据所添加的钢纤维数量比例，对其他原料添加量进行控制。钢纤维混凝土材料，通常使用在道路桥梁工程施工中，不仅能够满足工程的承载需求，同时在使用中也更具有延伸能力，可以有效提升工程的安全使用时间。

二、钢纤维混凝土在道桥施工中的技术应用

道路施工中的技术应用。使用钢纤维混凝土技术开展路面施工，通常采用两层式施工结构，上下两层使用钢纤维混凝土材料，中间层则使用常规混凝土材料。这样在提升路面使用性能的同时，也能有效降低成本，但施工过程相对复杂。除此之外还包含三层式结构，将路面的最底层结构使用普通混凝土材料施工，中间层以及表层均使用钢纤维混凝土。这样施工程序得到有效简化，由于路面基层的材料性质改变，承重能力相比于两层式结构会有所下降，但施工成本降低更加明显。在路面桥梁工程结构施工中，需要根据路面施工技术方法选择碾压程序，路面工程建设也可以根据碾压情况，加入一定的钢纤维材料，从而改变原有混凝土结构的耐摩擦性能。道路施工中钢纤维混凝土材料，通常是作为路面碾压铺设材料来使用，可以在混凝土预制环节添加钢纤维，也可以在混凝土碾压环节添加使用。

桥梁施工中的技术应用。钢纤维混凝土在桥梁施工中应用，最常使用在桥面施工中，由于钢纤维材料刚度更加优异，并且在达到施工强度标准的前提下，钢纤维混凝土结构重量更小。桥面施工中，使用钢纤维混凝土材料，不仅能够避免施工裂缝产生，也能在施工中有效减少桥面总厚度，从而缓解对桥梁基础结构的压迫。在桩基础结构施工中，钢纤维混凝土材料能够起到稳定效果，桥面施工过程中可能会产生施工结构裂缝，对于小范围不影响整体承重能力的裂缝，通常会使用钢纤维混凝土喷射技术对其进行修补，确保桥梁工程可以正常投入到使用中。桥梁工程的一些特殊结构，例如桥墩部分需要直接与水面接触，在使用钢纤维混凝土材料时，还需要配合防护技术，避免表层直接暴露钢纤维，使其受到腐蚀影响质量安全。

三、施工技术应用注意事项

在道路桥梁工程建设中，应用钢纤维混凝土材料，需要严格按照不同施工建设需求，对钢纤维混凝土原料进行配合准备，严格按照施工需求预制定量的材料。钢纤维的长度规格也需要根据不同施工使用区域特征进行选择。钢纤维混凝土材料，需要使用强度达到C50的原料进行配合搅拌，所配合使用的骨料，在直径尺寸上需要达到1.5mm。这样在钢

纤维混凝土材料制作中，才能够确保钢纤维与其他原料之间的融合程度，运输过程中也要确保平稳性，严格按照原料投放顺序预制搅拌后，按照施工时间将其运送到具体区域，要尽量减少远距离材料运输。施工后由于钢纤维混凝土材料中，含有大量的粗骨料与钢纤维，碾压强度需要达到标准，并根据材料表面变化情况，决定是否需要进行再次碾压。预制搅拌阶段需要观察钢纤维在混凝土中的分布是否均匀，只有达到均匀标准，才能进入到下一施工环节中。

钢纤维混凝土技术的发展能够有效提高道路桥梁工程的建设质量，本节针对钢纤维混凝土技术使用的各个过程进行分析说明，指出其在选择、搅拌、运输以及浇筑、振捣、运输过程中需要注意的关键技术要点，从而实现技术使用效果的全面提高。

第九节 自密实混凝土施工技术应用与管理

在堆石混凝土技术的使用中，通过自密实混凝土的帮助，让混凝土结构变得更加紧实、完整。本节以自密实混凝土浇筑技术为切入点，展望我国建筑工程行业的发展与前景。

在土木工程的施工过程中，砼的使用是十分普遍的。在一些体量巨大的工程中，为了降低施工成本以及砼的水热化，砼中水泥的比重是越少越好的。为了达到这个标准，可以采用大尺寸骨料的方式来进行砼的浇筑工作，而受限于技术原因，大尺寸的骨料其振捣与拌和的效果都不理想，所浇筑出的砼也不紧实，为了克服这个难题，就需要用到自密实混凝土。

一、自密实混凝土的概述与优势

简述。自密实混凝土（SCC）是一种新型的砼材料，它的工作原理是依靠自身的重量进行自然的下渗，对于骨料之间的缝隙进行充分的填充，从而实现整个混凝土构件的密实性与完整性，与传统的混凝土材质相比，这种新型的自密实混凝土具有穿透能力强、抗分离性能好等特点，可以大大地减少混凝土中水泥的比重。在实际的施工过程中，常用的混凝土中水泥的比重约为 $250kg/m^3$，而采用堆石混凝土技术，用更为先进的自密实混凝土代替原理的混凝土，在立方米单位中可以减少约 100kg 混凝土的使用，水泥使用量的减少让混凝土的搅拌设备运行更加高效，提高了整个砼浇筑环节的工作效率。

优势。与传统的砼相比较而言，自密实混凝土的优点非常突出。首先，自密实混凝在施工的过程中不需要振捣，这一步骤的省略一方面大大缩短了砼作业的时间，另一方面也避免了由于振捣作业而对砼结构形成的离析与破坏；其次，自密实混凝土密实度高，具有高度的流动性，在采用堆石混凝土技术进行施工的时候，采用自密实混凝土能够让砼与大尺寸骨料的连接更加紧密，进一步提高了砼构件的结构强度；最后，自密实混凝土属于新型混凝土，还有许多可以进行改进与优化的空间，为将来砼建筑工艺的进步提供了强大的动力。

二、密实混凝土施工要点

搅拌和运输。在砼的搅拌环节，要注意三个方面：首先是要精确搅拌的计量，在现实的建筑作业过程中，每盘计量的偏差不能超过总量的2%，一旦超过这个计量就有可能导致砼物理结构的改变；其次，在搅拌中对于水的用量也要进行严格的把控，水的使用可以说是砼搅拌环节中一个非常重要的因素，一方面要对水的成分进行分析，确定水中不含有腐蚀性元素，另一方面就是用水量的控制，如果水太多，浇筑出来的砼承载能力就会受到影响，如果水过少，它的物理结构就会发生改变，在输送的过程中容易出现阻塞的现象，对工程进度造成影响。因此，在拌和的过程中，对于水量的控制要十分精准；最后，搅拌时料的投放顺序也要严格按照规定来进行，先投放骨料，然后进行初步的喷淋加水，加入水泥，倒入拌和料，进行二次喷水，搅拌半分钟之后加入减水剂，再运用搅拌90秒，最后出料。

在完成拌和工作之后，要立刻进行混凝土的运输，一方面是要保证运输车辆处于最好的状态以及确保运输路线的通畅，另一方面为了保证自密实混凝土的高流动性，整个运输以及卸车的工作要在最短的时间内完整，这个时间一般要控制在2小时以内，如果超时可能导致自密实混凝土流动性降低，浇筑完成后无法做到砼结构的密实与完整。

自密实混凝土的浇筑。在砼搅拌完成，并且运送到施工场地之后，要立刻进行砼的浇筑作业。在浇筑工作正式开始之前，一些前期的准备工作要做好。比如检查模板之间的拼接缝隙，保证缝隙的尺寸小于1.5mm，对于浇筑过程中非常重要的泵管也要进行彻底的检查，用水将泵管清理干净，保证泵送工作的顺利进行。在准备工作做好之后，要事先将砼运输车进行高速的旋罐作业，这个过程一般持续90秒左右，保证自密实混凝土处在最佳的状态，在通过泵管进行输送的过程中，要保证输送的连续性，在个别的情况下为了保证砼的持续输送，要适当降低低输送的效率，保证整个输送过程的不间断性。整个输送砼的过程可能会持续几个小时，在输送的过程中要保证整个输送环节都处于严密的监管之中，要派相关专业的施工人员在现场进行监督，对于输送的过程进行详细的记录与检测，一旦发现问题要马上做出反应，进行问题的处理以及报备工作，保证浇筑环节的顺利进行。

这里需要注意的是，由于自密实混凝土具有高流动性，在工程进行的过程中尽量减少分层浇筑技术的运用，这与传统的砼浇筑技术具有明显的区别。要充分利用自密实混凝土的特性，让砼以最自然的方式进行流动与填充，从而保证砼的粘聚性的完整。虽然采用自密实混凝土材料省去了振捣环节，但是为了砼能够拥有更好的密实性，还是要进行小规模的辅助敲击手段，比如进行插捣或者是用锤子敲击。在浇筑作业完成之后，可以暂时停止作业，等待砼的沉淀，以半个小时为标准，检查砼的高度与设计的高度是否依然保持统一。如果砼构件的高度出现了降低的情况，那就要进行二次浇筑，直到满足设计需求。

三、自密实混凝土技术的管理

由于这种新型的砼施工技术还处于小规模使用的阶段，因此对于其大面积的推广工作仍持续进行。虽然自密实混凝土有着非常多的优点，但是也要注意在不同的工程环境中它的适用性，对于新技术的开展要一分为二地看待，一方面是对这种技术抱有肯定态度，坚持进行优化与推广；另一方面也要注意这种技术所暴露出的问题，对问题进行详细的整理，并根据问题来制定相应的工作指导手册，满足我国建筑市场对于砼的旺盛需求。

自密实混凝土的出现对于砼施工技术来说是一次创新，其优秀的流动性与密实性让建筑构件的物理性质达到了新的高度，同时也为各种施工工艺的改进提供了新的方向。因此，要不断加强对于自密实混凝土的研究与投入，为我国建筑行业的发展提供帮助。

参考文献

[1] 葛春辉. 钢筋混凝土沉井结构设计施工手册 [M]. 北京：中国建筑工业出版社，2004.

[2] 江正荣，朱国梁. 简明施工计算手册 [M]. 北京：中国建筑工业出版社，1991.

[3] 刘士和. 高速水流 [M]. 北京：科学出版社，2005：134-148.

[4] 王世夏. 水工设计的理论和方法 [M]. 北京：中国水利水电出版社，2000：117-135.

[5] 梁醒培. 基于有限元法的结构优化设计 [M]. 北京：清华大学出版社，2010

[6] 朱伯芳. 有限元素法基本原理和应用 [M]. 北京：水利电力出版社，1998.

[7] 施熙灿. 水利工程经济学 [M]. 北京：中国水利水电出版社，2010.

[8] 李艳玲，张光科. 水利工程经济 [M]. 北京：中国水利水电出版社，2011.

[9] 王建武，陈永华，等. 水利工程信息化建设与管理 [M]. 北京：科学出版社，2004.

[10] 任鹏. 对水利工程施工管理优化策略的浅析 [J]. 工程技术：全文版，2017，13（01）：66.

[11] 赖娜. 浅析水利机电设备安装与施工管理优化策略 [J]. 建筑工程技术与设计，2016，13（26）：165-165.

[12] 陈建彬. 对水利工程施工管理优化策略的分析 [J]. 中国市场，2016，12（04）：131-132.

[13] 王翔. 对水利工程施工管理优化策略的分析探讨 [J]. 工程技术：文摘版，2016，8（10）：101.

[14] 屠波，王玲玲. 对水利工程施工管理优化策略的分析研究 [J]. 工程技术：文摘版，2016，9（10）：93.

[15] 李益超. 浅谈水利工程招投标工作的重要性和管理途径 [J]. 河南水利与南水北调，2014，33（6）：81-83

[16] 刘建华，邓策徽. 农业综合开发水利工程项目的建设管理探究 [J]. 黑龙江水利科技，2016，44（11）：167-169.

[17] 舒亮亮. 水利工程招标投标管理研究 [J]. 水利发展研究，2016，12（2）：64-68.

[18] 郑修军. 水利水电工程招标管理问题及对策 [J]. 工程建设与设计，2013，11（3）：126-128.

[19] 李风，姜威，张洪玉. 水工金属结构热喷涂锌钊防腐工艺实践分析 [J]. 黑龙江水利科技，2014，36（2）：188.

[20] 海乐，苏燕. 径流式水电站工程的技术及设计创新 [J]. 水利水电快报，2010，31（3）：33-34，41.